· 超级思维训练营系列丛书 ·

挑战记忆的巅峰

TIAOZHANJIYI DE DIANFENG

谢冰欣 ◎ 编 著

透视逻辑思维 ──☆── 打开智慧探索之门

中国出版集团　现代出版社

图书在版编目(CIP)数据

挑战记忆的巅峰 / 谢冰欣编著. —北京:现代出版社,
2012.12(2021.8 重印)
(超级思维训练营)
ISBN 978 - 7 - 5143 - 0985 - 0

Ⅰ. ①挑… Ⅱ. ①谢… Ⅲ. ①记忆术 - 青年读物②记忆
术 - 少年读物 Ⅳ. ①B842.3 - 49

中国版本图书馆 CIP 数据核字(2012)第 275717 号

作 者	谢冰欣
责任编辑	张 晶
出版发行	现代出版社
通讯地址	北京市安定门外安华里 504 号
邮政编码	100011
电 话	010 - 64267325 64245264(传真)
网 址	www.xdcbs.com
电子邮箱	xiandai@ cnpitc.com.cn
印 刷	北京兴星伟业印刷有限公司
开 本	700mm × 1000mm 1/16
印 张	10
版 次	2012 年 12 月第 1 版 2021 年 8 月第 3 次印刷
书 号	ISBN 978 - 7 - 5143 - 0985 - 0
定 价	29.80 元

前　言

　　每个孩子的心中都有一座快乐的城堡，每座城堡都需要借助思维来筑造。一套包含多项思维内容的经典图书，无疑是送给孩子最特别的礼物。武装好自己的头脑，穿过一个个巧设的智力暗礁，跨越一个个障碍，在这场思维竞技中，胜利属于思维敏捷的人。

　　思维具有非凡的魔力，只要你学会运用它，你也可以像爱因斯坦一样聪明和有创造力。美国宇航局大门的铭石上写着一句话："只要你敢想，就能实现。"世界上绝大多数人都拥有一定的创新天赋，但许多人盲从于习惯，盲从于权威，不愿与众不同，不敢标新立异。从本质上来说，思维不是在获得知识和技能之上再单独培养的一种东西，而是与学生学习知识和技能的过程紧密联系并逐步提高的一种能力。古人曾经说过："授人以鱼，不如授人以渔。"如果每位教师在每一节课上都能把思维训练作为一个过程性的目标去追求，那么，当学生毕业若干年后，他们也许会忘掉曾经学过的某个概念或某个具体问题的解决方法，但是作为过程的思维教学却能使他们牢牢记住如何去思考问题，如何去解决问题。而且更重要的是，学生在解决问题能力上所获得的发展，能帮助他们通过调查，探索而重构出曾经学过的方法，甚至想出新的方法。

　　本丛书介绍的创造性思维与推理故事，以多种形式充分调动读者的思维活性，达到触类旁通、快乐学习的目的。本丛书的阅读对象是广大的中小学教师，兼顾家长和学生。为此，本书在篇章结构的安排上力求体现出科学性和系统性，同时采用一些引人入胜的标题，使读者一看到这样的题目就产生去读、去了解其中思维细节的欲望。在思维故事的讲述时，本丛书也尽量使用浅显、生动的语言，让读者体会到它的重要性、可操作性和实用性；以通俗的语言，生动的故事，为我们深度解读思维训练的细节。最后，衷心希望本丛书能让孩子们在知识的世界里快乐地翱翔，帮助他们健康快乐地成长！

目　录

第一章　巧借串联法来记忆

第四章　巧借口诀法来记忆

第五章　借助联想法来记忆

第六章　巧借谐音法来记忆

第七章　巧借数字联想法记忆

第八章　这样记忆最有趣

第九章　巧记细节，尊重真理

挑战记忆的巅峰

第十章　挑战记忆的游戏

第十一章　推理制胜之道

挑战记忆的巅峰

第一章　巧借串联法来记忆

巧记东南亚陆上五国及其首都名称

东南亚 11 国中，有 5 个陆上国家，距中国都比较近，这 5 个陆上国家是缅甸、老挝、越南、柬埔寨、泰国。其中，缅甸的首都为仰光，老挝的首都为万象，越南的首都为河内，柬埔寨的首都为金边，泰国的首都为曼谷。

那么，如何记忆这 5 个国家及其首都呢？

记忆小妙招

东南亚陆上五国及其首都名称，我们可以用串联记忆法记作："绵羊（缅甸仰光）老象（老挝万象）越河（越南河内）——前进（柬埔寨金边）太慢（泰国曼谷）"。

— 1 —

巧记西亚五大石油国国名

在西亚 20 个国家中，有五大石油国，它们分别是伊朗、伊拉克、沙特阿拉伯、阿拉伯联合酋长国、科威特。

那么，如何巧妙地记忆西亚这五大石油国国名呢？

记忆小妙招

对于西亚五大石油国的国名，我们可以用串联加谐音记忆法记作："二姨二伯一个科"。

巧记中美洲七国国名

中美洲 7 国：洪都拉斯、伯利兹、巴拿马、哥斯达黎加、危地马拉、尼加拉瓜、萨尔瓦多。

那么，如何巧记中美洲的这 7 国国名呢？

记忆小妙招

中美洲 7 国：洪都拉斯、伯利兹、巴拿马、哥斯达黎加、危地马拉、尼加拉瓜、萨尔瓦多，我们可以用串联加谐音法记作："红脖八哥喂你啥？"

巧记五岳所在省份

五岳是中国五大名山的总称。即东岳泰山（位于山东）、西岳华山（位于陕西）、北岳恒山（位于山西）、中岳嵩山（位于河南）、南岳衡山（位于湖南），其中泰山居首。它们是封建帝王仰天功之巍巍而封禅祭祀的地方，更是封建帝王受命于天，定鼎中原的象征。五岳景色各有特点，受到许多游客的青睐，许多文人也留下了大量诗文作品。

那么，如何巧记五岳所在的省份呢？

🎈 **记忆小妙招**

东岳泰山、西岳华山、南岳衡山、北岳恒山和中岳嵩山，所在省份分别为山东（鲁）、陕西（陕）、湖南（湘）、山西（晋）、河南（豫），我们可以用串联记忆法记作："绿伞镶金玉"。在记忆的过程中一定要注意相互对应的顺序，切忌循序混乱，张冠李戴。

巧记中国四大佛教圣地

安徽九华山、山西五台山、浙江普陀山、四川峨眉山并称为中国佛教四大圣地。那么，你如何将九华山、五台山、普陀山、峨眉山，这四大佛教圣地巧妙地记忆下来呢？

🎈 **记忆小妙招**

四大佛教圣地——九华山、五台山、普陀山、峨眉山，我们可以用串联记忆法记作："九五之尊，普照峨眉"。

巧记四大石窟名称

四大石窟指的是中国佛教文化为特色的巨型石窟艺术景观，包括：敦煌——莫高窟、大同——云冈石窟、洛阳——龙门石窟、天水——麦积山石窟四大石窟，是中国古代文化艺术的历史瑰宝。

那么，如何巧记这四大石窟呢？

四大石窟——云冈石窟、龙门石窟、麦积山石窟和莫高窟，我们可以用串联记忆法记作："云龙卖馍"。假想有一个名叫云龙的人经常在四大石窟旅游景点卖馒头。

巧记金属活动顺序表

金属活动性顺序：钾、钙、钠、镁、铝、锌、铁、锡、铅、（氢）、铜、汞、银、铂、金，那么，你将如何按顺序记忆这个金属活动顺序表呢？

记忆小妙招

我们可以采用串联记忆的方法将金属活动性顺序记作："加盖那美丽新贴，锡铅重统共一百斤"。重是轻的反意，轻与氢谐音。这样就可以把这几个金属按其活动性顺序长期牢记于心。

巧记词类

我们常用的词类有名词、动词、形容词、代词、数词、量词、介词、副词、连词、叹词、助词和拟声词。但是对于初学的同学来说，要将这些词类一个不落地记下来，似乎也是一件并不容易的一件事情。

那么，你有什么好的办法巧记这些词类呢？

记忆小妙招

名词、动词、形容词、代词、数词、量词、介词、副词、连词、叹词、助词和拟声词，可用串联记忆法记作："姐夫诸明亮连声叹：袋鼠行动慢"。除慢字外，每个字代表一类词。

巧记东亚五国名称

东亚五国包括中国、朝鲜、韩国、日本、蒙古。

那么，如何巧记这5个东亚国家的名称呢？

记忆小妙招

东亚五国：中国、朝鲜、韩国、日本、蒙古，我们可以用串联法记作："终（中）日寒（韩）潮（朝）猛（蒙）"。并由此可以联想到东亚是世界上季风最显著的地区之一。

巧记单句类型

同学们比较常见的单句类型有陈述句、祈使句、疑问句、感叹句4种。那么，如何巧记这4个单句类型呢？

记忆小妙招

陈述句、祈使句、疑问句、感叹句这 4 种单句，我们可用串联法记作："陈姨（疑）岂（祈）敢（感）"。假想陈姨是一个位姓陈的阿姨，并且陈姨是一个很孝敬父母的一个人，如果说让她那正在生病的母亲单独留在家里一会儿，陈姨会说，你陈姨那里敢。

巧记复句类型

复句的类型有因果、并列、递进、假设、转折、条件、选择、承接 8 种，那么，如何巧记这 8 个复句类型呢？

记忆小妙招

因果、并列、递进、假设、转折、条件、选择、承接这 8 种复句类型，我们可以用串联法记作："因病（并）旋（选）转，呈（承）递假条"。假想一个学生因为生病，感到天旋地转，而向班主任告假。

巧记汉字造字法

汉字造字法有象形、会意、形声、指事、假借、转注 6 种，那么，如何巧记这 6 种造字法呢？

挑战记忆的巅峰

记忆小妙招

象形、会意、形声、指事、假借、转注这6种汉字造字法，我们可以用串联法记作："向（象形）贾（假借）指（指事）挥（会意）行（形声）注（转注）目礼。"其中目礼是为意思完整而附加的，"注目礼"是一种礼节。这样，我们就可以将其记在心中了，并且不容易忘却。

巧记汉字演变过程

甲骨文——金文——小篆——隶书——楷书——草书——行书，这是汉字形体的演变过程。记忆汉字形体的演变过程，难在后半部分容易记串，即把前后位置记颠倒了。如果采用串联法来记忆，就可避免这种现象发生。

记忆小妙招

我们可以将汉字形体的演变过程用串联法记作："古今小隶盖草房。"古与骨同音；今与金同音；盖与楷谐音；房与行谐音，而行则是个多音字，这里可以利用姊妹音来进行记忆。

巧记文言疑问代词

我们常用的文言疑问代词有：谁、奚、焉、胡、安、何、曷、孰、恶（wū）。那么，我们又如何巧记这些文言疑问代词呢？

记忆小妙招

谁、奚、焉、胡、安、何、曷、孰、恶（wū）这几个文言文疑问代词，我们可以用串联法记作："谁吸（奚）烟（焉）？何五（恶）叔（孰）和（曷）胡安。"

巧记文言人称代词

文言文中，表示人称代词"你"的有汝、尔、子、君、乃。那么，如何巧记这几个表示"你"的文言文人称代词呢？

记忆小妙招

汝、尔、子、君、乃这几个文言文人称代词，我们可以用串联法记作："汝乃君子尔。"

巧记"四书五经"

"四书五经"是四书和五经的合称，是中国儒家经典的书籍。四书指的是《论语》《孟子》《大学》和《中庸》；而五经指的是《诗经》《尚书》《礼记》《周易》《春秋》，简称为"诗、书、礼、易、春秋"。

记忆小妙招

"四书五经"我们可以用串联记忆法记作："四叔（书）猛（《孟子》）抢（《论语》）大（《大学》）钟（《中庸》），武警（五经）诗（《诗》）里（《礼》）存（《春秋》）遗（《易》）书（《书》）"。

巧记"春秋五霸"

从公元前 770 年到公元前 476 年，历史上称为春秋时代。在这将近 300 年的时间，社会风雷激荡，可以说是烽烟四起，战火连天。据鲁史《春秋》记载的军事行动就有 480 多次。司马迁说，春秋之中，"弑君三十六，亡国五十二，诸侯奔走不得保其社稷（jì）者，不可胜数。"相传春秋初期诸侯列国 140 多个，经过连年兼并，到后来只剩较大的几个。这些大国之间还互相攻伐，争夺霸权。春秋时期，周天子已经失去了往日的权威，天子反而依附于强大的诸侯。而一些强大的诸侯国为了争夺霸权，互相征战，争做霸主，先后称霸的5个诸侯叫作"春秋五霸"。

我国历史上所称的"春秋五霸"，通常来说是指春秋时期的齐桓公、宋襄公、晋文公、秦穆公、楚庄王。短时间内，我们对"春秋五霸"很容易记忆，但是，时间长了，这"五霸"我们很容易忘记一两个。

那么，你有什么好的记忆方法呢？

🎈记忆小妙招

其实，对于"春秋五霸"，我们如果采用串联法来进行记忆，就很容易将其记牢。即："近闻（晋文）齐桓采松香（宋襄），锯断秦木（秦穆）留楚桩（楚庄）。"

巧记"战国七雄"

战国七雄是指历史上东周（春秋时代与战国时代的合称）的战国时期7个最强的诸侯国的统称。春秋时期（前770—前476年）无数次战争使诸侯国的数量大大减少，到战国时期（前475—前221年）实力最强的7个诸侯国分别为燕、齐、楚、秦、赵、魏和韩，这7个国家被史学家称作"战国七雄"。

那么，你有什么好的方法来记忆"战国七雄"呢？

齐　楚　秦
魏　燕　赵　韩

记忆小妙招

　　"战国七雄"，齐、楚、燕、韩、赵、魏、秦七国，我们可以用串联加谐音法记作："齐秦，喊赵薇演出。"此时，我们可以虚构这样一个场景：一部影片正在进行拍摄，著名影视演员赵薇也参与了这部影片的拍摄，期间导演安排大家休息，休息时间将要结束的时候，导演对一名与歌唱演员齐秦同名的工作人员说："齐秦，喊（韩）赵薇（魏）演（燕）出（楚）。"这样，"战国七雄"就可以牢记于心了。

第二章　巧借对比法来记忆

巧记数字

如何用对比的方法记忆下列数字呢?

（1）13^2，169；14^2，196。

（2）浓盐酸的密度为 1. 19g/cm^3，119。

（3）浓硫酸的密度为 1. 84g/cm^3，184。

（4）二分二至 4 个节气，是反映地球公转过程中季节的昼夜转换点，这 4 个节气的日期分别为：春分——3 月 21 日前后，夏至——6 月 22 日，秋分——9 月 23 日，冬至——12 月 22 日前后。

记忆小妙招

（1）13 的平方为 169，14 的平方为 196。

（2）浓盐酸的密度为 1. 19g/cm^3，火警电话为 119，张骞第二次出使西域的时间为公元前 119 年。

（3）浓硫酸的密度为 1. 84g/cm^3，邮编查询电话为 184，黄巾起义的年代也为 184 年。

（4）二分二至4个节气，是反映地球公转过程中季节的昼夜转换点，这4个节气的日期分别为：春分——3月21日前后，夏至——6月22日，秋分——9月23日，冬至——12月22日前后。从春分算起，月份分别为3、6、9、12，均为3的倍数，而日期分别约为21、22、23、22。

巧记数学概念

运用对比记忆法牢记下列数字的概念：

（1）自然数与整数；

（2）有理数和无理数；

无理数专指无限不循环小数。有理数和无理数统称为实数。

（3）直线、射线、线段的联系与区别。

记忆小妙招

（1）自然数与整数：

自然数即正整数（1、2、3、4、5、6、7、8……），其性质是：有最小，无最大，有顺序性，永远可以施行加乘两种运算。

整数包括正整数、负整数和零，其性质是：无最小，无最大，有顺序性，永远可以施行加减乘三种运算。

（2）有理数和无理数：

有理数包括整数、分数、有限小数和无限循环小数。

其性质是：无最小，无最大，有顺序性、稠密性和间断性，永远可以施行加减乘除四种运算（除数不为零）。

无理数专指无限不循环小数。有理数和无理数统称为实数。

（3）直线、射线、线段的联系与区别：

联系：直线、射线、线段是整体与部分的关系，线段、射线是直线的一部分。它们都是由无数的点构成的，在直线上取一点，则直线可分成两条射线；取两点则可分成一条线段和两条射线。把线段两方延长或把射线反向延长就可得到直线。

区别：直线无端点，长度无限，表示直线的字母无序；射线有一个端点，长度无限，表示射线的字母有序；线段有两个端点，可度量长度，表示线段的字母无序。

巧妙辨别汉字

如何辨别下列汉字呢？

（1）巳，已，己。

（2）衷，哀，衰。

（3）掇，缀，辍，啜。

（4）赢，羸，蠃，嬴。

（5）谪，嘀，嫡，镝。

（6）辨，辩，瓣，辫。

（7）许，杵，忤（仵）。

（8）戍，戌，戊，戎。

（9）悼，掉，棹，绰。

（10）烧，浇，绕，挠，侥，饶，晓，娆。

记忆小妙招

汉字中有些字形体相似，读音相近，容易混淆，因此我们有必要对其加以归纳，并通过对比来进行辨别和记忆。为了增强记忆效果，我们还可以将联想记忆法和口诀记忆法也融入其中。实际上是将对比、归纳、谐音、联想、口诀五法并用。

（1）巳（sì）满，已（yǐ）半，己（jǐ）张口。其中巳与4同音，已与1谐音，己与几同音，顺序为满半张对应4、1、几。

（2）中念衷（zhōng），口念哀（āi），中字倒下念作衰（shuāi）。

（3）用手拾掇（duō），用丝点缀（zhuì），辍（chuò）学开车，啜（chuò）泣噘嘴。

（4）输赢（yíng）贝当钱，螺蠃（luǒ）虫相关，羸（léi）弱羊肉补，嬴（yíng）姓母系传。

（5）乱言遭贬谪（zhé），嘀（dí）咕用口说，子女为嫡（dí）系，鸣镝（dí）金属做。

（6）点撇仔细辨（biàn），争辩（biàn）靠语言，花瓣（bàn）结黄瓜，青丝扎小辫（biàn）儿。

（7）言午许（xǔ），木午杵（chǔ），有心人，读作忤（仵）（wǔ）。

（8）横戌（xū）点戍（shù）不点戊（wù），戎（róng）字交叉要记住。

（9）用心去追悼（dào），手拿容易掉（diào），棹（zhào）桨划木船，私名为绰（chuò）号。

（10）用火烧（shāo），用水浇（jiāo），用丝绕（rào、rǎo），用手挠（náo）；靠人是侥（jiǎo）幸，食足才富饶（ráo），日出为拂晓（xiǎo），女子更妖娆（ráo）。

巧记历史事件及年代

巧记下列历史事件：

（1）公元前 221 年，秦始皇统一中国；公元 221 年，刘备建蜀。

（2）张骞两次出使西域，时间分别为公元前 138 年和公元前 119 年。

（3）1616 年，努尔哈赤称汗，建金；1661 年，郑成功收复台湾。

记忆小妙招

（1）公元前 221 年，秦始皇统一中国；公元 221 年，刘备建蜀。二者的年份的数字"221"相同，只不过是一个是"公元前"，一个是"公元后"。

（2）张骞两次出使西域，时间分别为公元前138年和公元前119年。后者与火警电话号相同，19的2倍又正好是38。同时切记两个年份前都应加上"公元前"。

（3）1616年，努尔哈赤称汗，建金；1661年，郑成功收复台湾。只要记住其中的任何一个历史年代，最后再将年代的最后的两个数字互换一下就可以了。同理可记：马克思诞生于1818年，鲁迅诞生于1881年。

巧记"七国之乱"和"八王之乱"

我国历史上曾经发生过"七国之乱"与"八王之乱"这两个历史事件，二者都是统一国家内部的战乱，那么你如何将二者的区别进行简单、明了的记忆呢？

记忆小妙招

"七国之乱"与"八王之乱"都是统一国家内部的战乱，二者的区别有以下几点：

（1）"七国之乱"发生在西汉初汉景帝时期，"八王之乱"发生在西晋初晋惠帝时期。

（2）"七国之乱"是七王联合对付朝廷，"八王之乱"是八王混战。

（3）"七国之乱"3个月内被平定，"八王之乱"历时16年。

巧记火烧圆明园的时间

圆明园是一座珍宝馆，还是一座当时世界上最大的皇家博物馆、艺术馆，收藏着许多珍宝、图书和艺术杰作。里面藏有名人字画、秘府典籍、钟鼎宝器、金银珠宝等稀世文物，集中了中国古代文化的精华。圆明园也是一座异木奇花之园，名贵花木多达数百万株。完整目睹过圆明园的西方人把它称为"万园之园"。此外，圆明园也是除紫禁城外帝王居住过最多的地方。

圆明园汇集了当时江南若干名园胜景的特点，融中国古代造园艺术之精华，以园中之园的艺术手法，将诗情画意融化于千变万化的景象之中。

然而，就在第二次鸦片战争爆发以后，1860年英法联军闯入北京，大肆抢劫，放火烧毁了这座举世闻名的皇家园林。

记忆小妙招

第二次鸦片战争爆发以后，1860年英法联军闯入北京，大肆进行抢劫，并放火烧毁了著名的皇家园林——圆明园。可以与第一次鸦片战争爆发的时间1840年对比着记。第二次鸦片战争开始的时间1856年，也可以与1840对比着记，记成40—56。

第三章 巧借归纳法来记忆

巧记商鞅变法的内容

商鞅变法是指战国时期秦国的秦孝公即位以后，决心图强改革，便下令招贤。商鞅自魏国入秦，并提出了一整套变法求新的发展策略，深得秦孝公的信任，任他为左庶长，开始变法。经过商鞅变法，秦国的经济得到发展，军队战斗力不断加强，发展成为战国后期最富强的封建国家。

"商鞅变法"的主要内容有：（一）废井田，开阡陌；（二）奖励军功；（三）建立县制；（四）奖励耕织等。

在限定的时间内将"商鞅变法"主要内容记起来，你有没有好的方法？

记忆小妙招

我们在记忆"商鞅变法"内容的时候，可以将其归纳为4个字，即"改革开放"。这样就变成了：

改——废井田，开阡陌

革——奖励军功

开——建立县制

放——奖励耕织

的形式。

改，悔改。商鞅变法中规定把不思悔改的贪污吏扔废井填（废井田）土埋了，并打开他家前门（开阡陌）把财物分发给百姓。商鞅变法中规定把贪污的官吏废了并埋入废井里，然后打开他们的库房将财物分发给百姓。

革，皮革。在古代，皮革是十分贵重的东西，所以，商鞅在变法中规定将皮革奖励给军功（奖励军功）大的人，军功越大，奖的皮革越多。

开，开始。商鞅在变法中也开始对王侯建立限制（建立县制）机制，以防止对最高政权构成威胁。

放，放牧。为了鼓励百姓发展农牧业，对放牧多的人奖励耕牛和织布（奖励耕织）。

这样，通过"改革开放"一词就把"商鞅变法"的四点内容记住了。

巧记中国古代各行当的"圣人"

在中国古代，各行各业中都出现了不少的"圣人"，如：文圣、武圣、诗仙、诗圣等。但是，我们在进行记忆的时候，往往会出现"张冠李戴"的情况。那么，我们如何巧妙地将这些"圣人"记入到我们的脑海之中呢？

记忆小妙招

这就需要我们对这些"圣人"加以归纳，这样才能更好地进行记忆。

文圣——春秋时代孔子；

武圣——三国时代关羽；

诗仙——唐代李白；

诗圣——唐代杜甫；

书圣——东晋王羲之；

画圣——唐朝吴道子；

医圣——东汉末年张仲景；

药王——唐朝孙思邈；

茶圣——唐朝陆羽；

建筑业鼻祖（建筑工匠的祖师）——战国初期鲁班。

巧记中国历朝开国皇帝

中国历史上，有着许多朝代的更替，在每一个朝代的建立之初，都有一个开国皇帝。那么，如何将中国历朝的开国皇帝巧妙地记下来呢？

记忆小妙招

这就需要我们对中国历朝的开国皇帝进行归纳，这样才更有利于我们的记忆，也更有利于我们对历史的学习。

秦朝——秦始皇嬴政；

西汉——汉高祖刘邦；

东汉——光武帝刘秀；

三国

魏——世祖文皇帝曹丕；

蜀——昭烈皇帝刘备；

吴——太祖大皇帝孙权；

西晋——晋武帝司马炎；

东晋——元帝司马睿；

南朝

宋——高祖武皇帝刘裕；

齐——高皇帝萧道成；

梁——高祖武皇帝萧衍；

陈——高祖武皇帝陈霸先；

北朝

北魏——太祖道武皇帝拓跋珪；

北齐——显祖文宣皇帝高洋；

北周——高祖武皇帝宇文邕；

隋朝——隋文帝杨坚；

唐朝——唐高祖李渊；

后梁——太祖神武元圣孝皇帝朱温；

后唐——庄宗光圣神闵孝皇帝李存勖；

后晋——高祖圣文章武明德孝皇帝石敬瑭；

后汉——高祖睿文圣武昭肃孝皇帝刘知远；

后周——太祖圣神恭肃文武孝皇帝郭威；

宋朝——宋太祖赵匡胤；

辽代——辽太祖契丹族首领耶律阿保机；

金代——金太祖女真族首领完颜阿骨打；

元朝——元世祖忽必烈；

明朝——明太祖朱元璋；

清朝——清太宗皇太极。

巧记中国历史之最

中国历史上有许多的历史之最，我们可以采用归纳的方法来进行记忆。

用归纳法记忆中国历史之最：

（1）中国境内的最早人类——元谋人。距今大约170万年。

（2）中国有文字可考的历史，是从商朝开始的。文字的出现，是人类历史进入文明时期的重要标志。我国文字出现很早，还在原始社会母系氏族繁荣时期，陶器上已经有了刻划符号。商朝的"甲骨文"已是相当成熟的文字，我们今天的文字就是从甲骨文发展来的。

（3）中国历史上最早的确切纪年始于公元前841年，即共和元年。

（4）中国历史上第一个奴隶制王朝——夏朝。公元前21世纪，禹死后，他的儿子启利用已得的权势，杀死禹的继承人伯益，继承禹位。从此，世袭制代替了禅让制。

（5）中国历史上第一个统一的中央集权的封建国家——秦。秦始皇为第一个皇帝。

（6）中国历史上唯一的女皇帝——武则天。

（7）春秋时期第一个霸主——齐桓公。

（8）战国时期变法最彻底的人是商鞅。

（9）中国道家学派的创始人——春秋时代的老子；

儒家学派的创始人——春秋时代的孔子；

墨家思想的创始人——战国时期的墨子。

（10）中国第一部诗歌总集——《诗经》。

（11）中国保存下来的第一部最完整的历法——汉武帝时制定的"太初历"。

（12）中国现存最早的医书——西汉时编定的《黄帝内经》。

（13）中国第一部完整的药物学著作——东汉时期的《神农本草

挑战记忆的巅峰

经》。

（14）中国第一部纪传体通史——《史记》。西汉司马迁著。

（15）中国第一部断代史——《汉书》。东汉班固著。

（16）中国现存的第一部完整的农书——北朝贾思勰的《齐民要术》。

（17）中国现存的第一部脉学专著——西晋太医王叔和著的《脉经》。

（18）中国（也是世界）第一部茶叶专著——唐朝陆羽著的《茶经》。

（19）中国最早的一部长篇（章回）历史小说——《三国演义》。成书于元末明初，作者罗贯中。

（20）中国第一部以农民起义为题材的长篇小说——明初的《水浒传》。

（21）中国历史上第一次大规模的农民战争——秦朝的陈胜、吴广起义。

（22）中国最早的资本主义萌芽——明朝中后期，江浙一带。

（23）元代来中国最著名的外国人——意大利旅行家马可·波罗。

（24）明朝末期对中国影响最大的传教士——意大利的利马窦。

（25）中俄双方签订的第一个边界条约《尼布楚条约》，1689年签订。

（26）中国近代史上第一个不平等条约——中英《南京条约》，1842年8月签订。

（27）南昌起义打响了武装反抗国民党的第一枪。发生于1927年8月1日，由中国共产党人领导。

巧记中国历史上的世界之最

中国历史上的世界之最，你能用归纳法总结一下吗？

记忆小妙招

中国历史上的世界之最归纳如下：

（1）古书上关于夏朝时流星雨和日食的记载，是世界天文史上最早的记录。

世界上关于哈雷彗星的最早记录为公元前613年7月。

（2）世界上最早的天文学著作——战国时期的《甘石星经》。

（3）世界上第一次测量子午线长度的人——唐代僧一行。

（4）世界上最早的指南仪器——战国时期的"司南"，北宋时期指南针应用于航海。

（5）世界上最早的地震仪——东汉张衡发明的地动仪，造于132年。

（6）世界上最早发明纸的国家——中国。大约始于西汉初，东汉时期蔡伦又改进了造纸技术。

（7）印刷术的发明者——北宋的毕昇。世界上最早的纸币——北宋前期出现的交子。

（8）世界上最早的火药武器——火箭；现存最早的金属火器——西夏铜火炮；南宋时发明管形火器；元朝，大型金属管形火器"火铳（chòng）"在军事上很受重视。

（9）世界上发现的最大青铜器——商朝后期制造的司母戊大方鼎。

挑战记忆的巅峰

（10）世界上制造漆器最早的国家——中国，战国时漆器已很精美。

（11）世界上最早的兵书——《孙子兵法》，春秋晚期齐国杰出军事家孙武所著。

（12）世界上最早提出圆周率的正确计算方法的人——三国时代的数学家刘徽；世界上第一次把圆周率精确地推算到小数点以后第七位的人——南朝的祖冲之。

（13）世界上现存最古老的石拱桥——隋朝李春设计建造的赵州桥。

（14）世界上最大的石刻佛像——四川乐山大佛。

（15）世界上最早、最完备的建筑学著作——北宋李诚著的《营造法式》。

（16）商朝文字里关于虫牙龋齿的记载是世界上最古老的牙病记录。

（17）华佗是东汉末年人。擅长针灸和外科手术，他制成的全身麻醉药剂"麻沸散"是世界医学史上的创举。

（18）世界上第一部由国家编定颁布的药典——《唐本草》。

（19）世界古代最伟大的航海家——明朝的郑和。

（20）清朝乾隆年间编写的《四库全书》是当时世界上最大的一部丛书。

巧记地理世界之最

地理世界之最有许多，如果对其加以归纳，那么将有助于我们的记忆，也有助于对地理知识的学习和掌握。

记忆小妙招

对地理世界之最归纳如下：

（1）世界海拔最高的洲——南极洲，平均高度海拔2350米；海拔最低的洲——欧洲，平均海拔300米；最大的洲——亚洲，面积4400万平方千米；最小的洲——大洋洲，900万平方千米。

（2）世界最高大的山脉——喜马拉雅山脉，最高峰珠穆朗玛峰，海拔8844.43米，是地球之巅，"世界屋脊"；最长的山脉——南美安第斯山，被称为"南美洲的脊梁"，南北纵长9000千米。

（3）世界上最大的高原——巴西高原；世界上海拔最高的高原——青藏高原，平均海拔4000米以上。

（4）世界上最深的湖泊——西伯利亚的贝加尔湖，最深处1600米；世界最大的淡水湖——北美的苏必利尔湖；世界最大的内流湖（咸水湖）——里海。

（5）世界上水量最大、流域面积最广的河——南美亚马孙河，长度6400千米，水流量是尼罗河的50倍以上；开凿最早、最长的人工河——我国的京杭运河。

（6）世界陆地表面的最低点——死海，湖面海拔 -400米。

（7）世界上面积最大的平原——南美洲的亚马孙平原。

（8）世界上面积最大的沙漠——撒哈拉沙漠，面积约770万平方千米。

（9）世界上面积最大的国家——俄罗斯，1700万平方千米；世界上面积最小的国家——梵蒂冈，不到0.5平方千米。

（10）世界上占有热带面积最大的国家——巴西。

（11）世界上面积最大的热带雨林气候区——拉丁美洲亚马孙平原上的热带雨林区。

挑战记忆的巅峰

—— 29 ——

（12）世界上最大的内陆国——哈萨克斯坦。

（13）世界上唯一的独自占有一个大陆的国家——澳大利亚。

（14）世界上最大的群岛国家——印度尼西亚，素有"千岛之国"之称，印尼又是世界上火山最多的国家，有"火山国"之称。

（15）世界上出产黄金最多的国家——南非。

（16）世界上生产白银最多的国家——墨西哥。

（17）世界上出产铝土最多的国家——几内亚。

（18）世界上进口石油最多的国家——美国。

（19）世界上输出工农业产品数量最多、产值最大的国家——美国。

（20）世界上生产和出口可可最多的国家——科特迪瓦。

巧记原始社会的生产关系

原始社会是人类社会的最初级阶段，生产资料归集体所有也就是生产资料公有制，人们在共同的生产劳动中结成原始的平等互助的关

系，平均分配消费品，这就是原始社会生产关系的特点。

那么，如何巧记原始社会这一生产关系的特点呢？

记忆小妙招

原始社会生产关系的特点可以归纳为：一公二平。"一公"是指生产资料公有制。"二平"是指人们在生产劳动中结成了原始的平等互助关系和平均分配消费品。

巧记阿佛加德罗定律

阿佛加德罗定律："在相同的温度和压强下，相同体积的任何气体都含有相同数目的分子。"

那么，如何牢记这一定律呢？

记忆小妙招

我们可将阿佛加德罗定律归纳为四同：即在同温、同压条件下，同体积的气体含有相同的分子数。并且还可以缩记作：同压、同温、同体、同分。

巧记隋朝大运河的历史知识

隋朝大运河为隋朝第二代皇帝隋炀帝征用大量民力所开凿，始建于公元 605 年。当时隋炀帝用工百余万民工挖通济渠，连接黄河淮河，同年又用 10 万民工疏通古邗沟，连接淮河长江，构成下半段。608 年，用河北民工百万余，挖永济渠，通涿郡（今北京）南，构成上半段。610 年，疏通江南运河，直抵余杭（杭州）。至此，共用 500余万民工，费时 6 年，大运河全线贯通，全长 2700 余千米，运河长度，世界首屈一指，河道水深、宽度、通航能力也是最大的。隋朝大运河是世界上最雄伟的工程之一。

修运河是劳民伤财的举动，是隋炀帝的暴政，但也是隋炀帝的功绩。政治上，隋炀帝为加强对东北和江南地区的控制，需要一条南北向的大运河。但是，大运河开凿，给人民带来沉重负担。但同时，隋朝大运河成了南北交通的大动脉，加强了南北联系，对国家的统一和经济文化的发展起了很大的作用，至今仍造福人民。运河的水利运输，成为了当时社会经济发展的需要。

大运河如同长城，饮誉世界，体现了我国古代劳动人民的聪明才智和创造力；运河的开通，促进了城市发展，江都、余杭、涿郡等迅速繁荣；维护了国家统一，促进了当时中央集权的稳定。

那么，我们如何对隋朝大运河的开通时间、流经地域和历史意义等进行巧妙地记忆呢？

记忆小妙招

隋朝大运河的开通时间、流经地域和历史意义等，我们可以用归纳法将其归纳为"一二三四五六"的数字来记忆：

一条南北交通大动脉；

隋朝第二代皇帝隋炀帝开凿；

跨越三大城市，即以洛阳为中心，北达涿郡，南至余杭；

全长分四段：永济渠、通济渠、邗沟、江南河；

连接五大河流：海河、黄河、淮河、长江和钱塘江；

流经六省：冀、鲁、豫、皖、苏、浙。

巧记中国近代史上的重大事件

中国近代史（1840—1919）上发生的重大事件虽然不多，但是却对中国的近代史有着深远的影响。那么我们如何记忆这些重大的事件呢？

记忆小妙招

中国近代史（1840—1919）上发生的重大事件，我们可以用归纳法将其归纳为"五四三二一"的数字来记忆：

五次重大战争——鸦片战争、第二次鸦片战争、中法战争、中日甲午战争、八国联军侵华战争；

四个主要不平等条约——《南京条约》、《马关条约》、《辛丑条约》、"二十一条"；

三次革命高潮——太平天国运动、义和团运动、辛亥革命；

两个阶级产生——无产阶级和民族资产阶级产生；

一次失败的变法——戊戌变法。

巧记具有特点的一些国家

世界上有许多的国家，然而，在这些国家之中，有一些国家因自身的地理优势或者丰富的物产而具有独特的特点。那么，只有对这些国家极其特点进行归纳，才能有助于更好的记忆。

记忆小妙招

具有独特特点的一些国家，可进行如下归纳记忆：

（1）城市岛国——新加坡；

（2）群岛之国——印度尼西亚；

（3）千湖之国——芬兰；

（4）国中之国——梵蒂冈；

（5）可可王国——科特迪瓦；

（6）咖啡王国——巴西；

（7）香蕉王国——危地马拉；

（8）天然橡胶和锡的王国——马来西亚；

（9）枫树之国——加拿大；

（10）仙人掌之国——墨西哥；

（11）铜矿之国——智利；

（12）钟表王国——瑞士。

巧记 "八荣八耻"

胡锦涛总书记提出的 "八荣八耻" 社会主义荣辱观，它不但凝结着中华民族优良的传统美德，而且又突出揭示了新历史条件下的时代要求和时代精神。每一个中华人民共和国公民都应该树立正确的社会主义荣辱观，特别是我们青少年儿童更应刻骨铭心。

八荣八耻

以热爱祖国为荣，以危害祖国为耻

以服务人民为荣，以背离人民为耻

以崇尚科学为荣，以愚昧无知为耻

以辛勤劳动为荣，以好逸恶劳为耻

以团结互助为荣，以损人利己为耻

以诚实守信为荣，以见利忘义为耻

以遵纪守法为荣，以违法乱纪为耻

以艰苦奋斗为荣，以骄奢淫逸为耻。

我们首先应牢记 "八荣八耻" 的内容，并以其为标准牢固树立社会主义荣辱观。那么，我们当如何牢记 "八荣八耻" 的内容呢？

记忆小妙招

我们可以采用归纳分组记忆法来进行记忆，归纳分组记忆法实际上也就是归纳法的一种。这种方法要求我们在透彻理解的基础上切题归纳，然后把那些在逻辑上有某种关联的要点归为一组，这样，整个内容就被分为几个大组，组内要点有内在逻辑联系，组与组之间也具有某种关联。这样，知识被连成了一片，一回忆也是一大片，记忆的效率当然就成倍提高了！

怎么记忆呢？

虽然每个"荣耻"都有 14 个字，但每个要点我们都可以用一个词来概括其主要内容，第一个"荣耻"所说核心是"祖国"，当然是以热爱为荣，危害为耻。第二个"荣耻"所说的核心就是"人民"，当然是服务为荣，背离为耻……依此类推，八个"荣耻"可用下面八个词来概括：

祖国、人民、科学、劳动、互助、诚信、守法、奋斗。

这样，首先我们就将所需记忆的负担减少了，从原文的 112 字减少为 16 字。记忆当然就容易了。

"八荣八耻"，相互之间不可能没有任何联系——如因果、相似、同类、种属、反义、对照、衍生等，我们可以把这些内容归为一组，这样的好处是把所需记忆的内容连成片，想起了一个也就就想起了一片！

对我们归纳的这八个要点，我们可以这样来分组：

其中，"祖国、人民、科学、劳动"归为一大组，是因为，我们以前不是经常受到这样的教育吗：爱祖国、爱人民、爱科学、爱劳动（爱社会主义，爱护公共财物），其实这四个内容早已经是我们的知识体系（或价值观念）的一部分了，现在是把"八荣八耻"的新内容纳入到我们原有的知识体系中，丰富我们已有的知识体系。

再细分一下，"祖国、人民、科学、劳动"这一大组还可以再分为两小组，祖国与人民一组，这其中的逻辑自不用说，科学与劳动归为一组，这也不用赘述。

诚信和守法在逻辑上应该有比较强的联系，诚信的人的当然会守法，这可以理解为因果。或者，守法是最低的要求，诚信是高一点的要求，那么可以把二者理解为递进关系。

互助和奋斗归为一组，可以这样理解它们的逻辑关系：奋斗是自己个人要努力进取，互助是大家相互帮助。自己既努力，又善于与人团结互助，这不就是非常完美的统一吗！

分组，是一项我们可以充分发挥想象力、创造力的，可以给我们带来无限乐趣和成就感的激动人心的工作！其本质是把新的知识纳入到我们强大的已有的知识体系和网络中，与现有知识体系融合。

很自然的，同一个内容，如果不想点办法，而是死记硬背，不容易呀！要点一多，就容易犯晕！死记硬背的结果是这些要点在脑子里杂乱一片，记住了这个忘了那个，好不容易记住了，回忆起来又容易丢三落四！这很容易理解，因为这些信息存储的时候就是无序的，信息之间的内在联系你没有理清楚，出现这样的结果当然是一点都不奇怪的！

挑战记忆的巅峰

第四章　巧借口诀法来记忆

给古文加标点

　　同学们在给古文加标点的时候，常常不知如何是好，其实，给古文加标点也是有规律的。只要掌握了这个规律，就不会愁眉不展了。

记忆小妙招

　　用口诀法记忆古文加标点的规律：
　　曰后冒（冒号），哉后叹（叹号）；
　　盖、夫大多在句前，于、而一般在中间；
　　耶、乎经常表疑问，矣、尔后面加圆圈（句号）；
　　者、也表停顿，句逗酌情看。

巧记中国历史朝代

　　在中国历史上，经历了许多朝代的更替，如果对历史朝代的前后顺序能够牢记在心，那么，它将有助于我们对历史的学习，也不容易出现"颠倒历史"的情况。

记忆小妙招

口诀法记忆中国历史朝代：
夏商与西周，东周分两段；
春秋和战国，一统秦两汉；
三分魏蜀吴，二晋前后延；
南北朝并立，隋唐五代传；
宋元明清后，皇朝至此完。

巧记"五代十国"的名称

如何巧记"五代十国"的名称呢？

记忆小妙招

用口诀法记忆"五代十国"名称：
五代——后梁、后唐、后晋、后汉、后周，可记作：
梁唐晋汉周，
前边都有后。
十国——吴、南唐、吴越、楚、闽、南汉、荆南（又称南平）、
前蜀、后蜀、北汉，可记作：
前后蜀，南北汉，
南唐、南平曾为伴，
吴越、吴、闽、楚十国，

割据混战中原乱。

巧记南北朝的国名

如何巧记南北朝的国名呢？

记忆小妙招

用口诀法记忆南北朝国名：

南朝：宋齐梁陈相交替。

北朝：北魏分东西（东魏、西魏），北周灭北齐。

巧记百家争鸣代表人物及其主张

春秋战国时期，产生了许多的学派，其中最具有代表性的学派有道家、儒家、法家、墨家。并且，这些学派中各有其代表人物及其主张。这些代表人物及其主张对后世都产生了深远的影响。那么，你将如何加巧记这些代表人物及其主张呢？

记忆小妙招

口诀法记忆道家、儒家、法家、墨家的代表人物及其主张：

孔孟儒，行"仁政"；

道"无为"，老庄兴；

子墨子，讲"非攻"；

韩非子，"法治"行。

巧记安史之乱的起止年代

安史之乱是中国唐代于公元755年至763年所发生的一场叛乱，也是中国历史上一次重要的事件，是唐朝由盛而衰的转折点。安指安禄山（也指安庆绪），史指史思明（也指史朝义），安史之乱是指他们起兵反对唐王朝的一次叛乱。此次叛乱前后达8年之久。这次历史事件，对唐朝后期的影响尤其巨大。

那么，你将如何巧记安史之乱的起止年代呢？

记忆小妙招

用口诀法记忆安史之乱起止年代：

公元755年，安禄山和史思明发动叛乱，公元763年被唐军打败，历时8年。叛乱的起止年代可用口诀来记：

安禄山，史思明，

骑胡虎（755），溜山（763）城。

巧记太平天国起义的主要内容

太平天国起义是清朝后期的一次由农民起义创建农民政权的运动。开始的标志是道光三十年（1851）金田起义，建号太平天国，以拜上帝教统一思想；1853年3月，洪秀全定都南京，改南京为天京，结束的标志是同治三年（1864）天京陷落，历时14年。

太平天国起义开创了中国不少先河，是在清朝统治后期的一次最为轰轰烈烈的农民起义，动摇了清朝的统治，对中国近代史产生了深远的影响。虽然这次起义最终被清朝联合列强镇压下去，但是其余部仍进行了斗争。太平天国前期所到之处都实现了男女平等，废除裹脚等恶习，女子的地位得以和男子同等，是近代中国民主的开端。

那么请问你如何巧记太平天国起义的主要内容呢？

记忆小妙招

太平天国起义的内容：1851年洪秀全发动金田起义，建号太平天国，以拜上帝教统一思想；1853年3月，洪秀全定都南京，改南京为天京。这些内容可用口诀记作：

洪秀全，拜上帝，
太平天国大起义；
秀全要把古扇扇（1853 年 3 月），
南京定都换了天。

巧记实数的绝对值

如可牢记实数绝对值的计算规则呢？

🎈记忆小妙招

用口诀法记忆实数的绝对值："正"本身，"负"相反，"0"
为圈。

巧记有理数的加减运算规则

在我们学习的过程中，有许多的同学可能常常会对有理数的加减
运算产生小小的烦恼，因为大家或许时不时会出现一些运算错误。其
实有理数的加减运算是有规则的。

🎈记忆小妙招

用口诀法记忆有理数的加减运算规则：
同号相加一边倒；
异号相加"大"减"小"，

符号跟着"大"的跑。

巧记因式分解的口诀

因式分解对于某些同学来说,是非常简单的事情,而对于某些同学来说确实有点困难,其实,因式分解也是有规律可循的。只要掌握了因式分解的口诀,这个问题就简单多了。

记忆小妙招

用口诀法记忆因式分解的常用方法:
首先提取公因式,
其次考虑用公式,
十字相乘排第三。

巧记汉语拼音知识

学习汉语拼音知识,是我们每一个人学习汉字过程中不可的缺少的一个环节,也是我们学习好汉字的最基础性而又关键性的一步。学好汉语拼音也是有规律可循的,我们可以用口诀法来记忆汉语拼音知识。

记忆小妙招

(1) 见到 a 母莫放过,没有 a 母找 o、e,i、u 并列标在后,i 上标调把点抹。

（2）i、in、ing 前无声母，加个 y 母来弥补。

（3）ü 见 j、q、x，两点定要抹，ü 拼 n 和 l，两点省不得。

（4）轻声音节不标调，er 作儿化 e 不要。

（5）u 前无声 u 改 w（独 u 除外），ü 前无声 ü 改 yu。

（6）a、o、e 作头易混淆，音节间加隔音号（'）。

（7）b、p、m、f 四声母，只拼 o 来不拼 e（么除外）。

巧记多音字

在我们学习汉字的过程中，有一些汉字，形同音异义不同，容易读错，并且很容易混淆。但是在我们学习的过程中，还是有规律可循的。

记忆小妙招

多音字，用口诀法来来进行记忆，有些时候也可以口诀法为主，结合归纳法、串联法和联想法来记。

（1）七中（zhōng）全会，正中（zhòng）民意，
万民称（chēng）赞，称（chèn）心如意。

（2）发展畜（xù）牧业，六畜（chù）兴旺，
调（diào）集物资，精心调（tiáo）养。

（3）瓜蔓（wàn）蔓（màn）延，蔓（mán）菁戏雨；
一年一度（dù），难度（duó）归期。

（4）音乐（yuè）美妙，其乐（lè）融融，
穿藏（zàng）袍，藏（cáng）猫猫，

迎朝（zhāo）阳，朝（cháo）前走，

日落（luò），落（là）不下，莲花落（lào）。

（5）肩膀（bǎng），膀（pāng）肿，膀（páng）胱烧，

咳（hāi）声，咳（ké）嗽声。

（6）骏马奔（bēn）腾，牧民日子有奔（bèn）头。

（7）单（shàn）大侠，不简单（dān），抗击单（chán）于保江山。

（8）薄（báo）饼，薄（bò）荷，太刻薄（bó）。

（9）常年劳累（lèi），日积月累（lěi），一旦生病，便成累（léi）赘。

（10）正（zhēng）月里，正（zhèng）热闹，

重（chóng）阳（节），花鼓重（zhòng）重敲。

巧记地球的形状

地球是一个两极稍扁，赤道略鼓的不规则球体。它的形状呈椭圆形或梨形。地球形状像一只梨子：它的赤道部分鼓起，是它的"梨身"；北极有点放尖，像个"梨蒂"；南极有点凹进去，像个"梨脐"，整个地球像个梨形的旋转体，因此人们称它为"梨形地球"。

那么，请问你能有什么好的方法将地球的形状巧妙地记忆下来呢？

🎈记忆小妙招

地球的形状口诀：
赤道鼓，两极扁；
北极长，南极短；
像梨形，呈椭圆。

巧记中国的省、自治区、直辖市

你将怎样巧妙地记忆中国的这些省、自治区、市（直辖市）呢？

🎈记忆小妙招

中国的省、自治区、市（直辖市）口诀歌：

两江两湖两河山

（江苏、江西）（湖南、湖北）（河南、河北）（山东、山西）

两南两广浙福安

（云南、海南）（广东、广西壮族自治区）（浙江、福建、安徽）

黑吉辽贵新青川

（黑龙江、吉林、辽宁、贵州、新疆维吾尔自治区、青海、四川）

京津海重陕甘宁

（北京、天津、上海、重庆——4个直辖市）（陕西、甘肃、宁夏回族自治区）

内蒙西藏和台湾

— 47 —

（内蒙古自治区、西藏自治区、台湾）

港澳特区国土全

（香港、澳门）

巧记与中国接壤的 14 个国家

与中国接壤的国家有 14 个：

东：朝鲜

北：俄罗斯、蒙古

西北：哈萨克斯坦、吉尔吉斯斯坦、塔吉克斯坦

西：阿富汗、巴基斯坦

西南：印度、尼泊尔、不丹

南：缅甸、老挝、越南

那么，你将如何巧妙地把这 14 个与中国接壤的国家记忆下来呢？

记忆小妙招

与中国接壤的 14 个国家名称口诀：

月娥姑娘（越南、俄罗斯）特脑膜（缅甸），

蒙着布单披仨毯（蒙古，不丹，哈萨克斯坦、塔吉克斯坦、吉尔吉斯斯坦），

度过泥路（印度、老挝、尼泊尔）去朝鲜，

吧叽吧叽一身汗（巴基斯坦、阿富汗）。

巧记二十四节气歌

二十四节气起源于黄河流域，远在春秋时代，就定出仲春、仲夏、仲秋和仲冬等 4 个节气。以后不断地改进与完善，到秦汉年间，二十四节气已完全确立。这是我国劳动人民独创的文化遗产，它能反映季节的变化，指导农事活动，影响着千家万户的衣食住行。并且随着中国历法的外传，二十四节气已流传到世界许多地方。

这 24 个节气的名称和顺序是：立春、雨水、惊蛰、春分、清明、谷雨、立夏、小满、芒种、夏至、小暑、大暑、立秋、处暑、白露、秋分、寒露、霜降、立冬、小雪、大雪、冬至、小寒、大寒。

立春：立是开始的意思，立春就是春季的开始。

雨水：降雨开始，雨量渐增。

惊蛰：蛰是藏的意思。惊蛰是指春雷乍动，惊醒了蛰伏在土中冬眠的动物。

春分：分是平分的意思。春分表示昼夜平分。

清明：天气晴朗，草木繁茂。

谷雨：雨生百谷。雨量充足而及时，谷类作物能茁壮成长。

立夏：夏季的开始。

小满：麦类等夏熟作物籽粒开始饱满。

芒种：麦类等有芒作物成熟。

夏至：炎热的夏天来临。

小暑：暑是炎热的意思。小暑就是气候开始炎热。

大暑：一年中最热的时候。

立秋：秋季的开始。

处暑：处是终止、躲藏的意思。处暑是表示炎热的暑天结束。

白露：天气转凉，露凝而白。

秋分：昼夜平分。

寒露：露水已寒，将要结冰。

霜降：天气渐冷，开始有霜。

立冬：冬季的开始。

小雪：开始下雪。

大雪：大雪纷飞。

冬至：白天最短，夜晚最长的一天。

小寒：严寒开始降临。

大寒：一年中最冷的时候。

那么，你知道人们是如何来记忆这二十四节气的吗？

记忆小妙招

原来人们为了便于记忆，早就编出了二十四节气歌诀：

二十四节气歌

春雨惊春清谷天，

夏满芒夏暑相连；

秋处露秋寒霜降，

冬雪雪冬小大寒。

二十四节气反映了太阳的周期性运动规律，所以节气在现行的公历中日期基本固定，上半年在每月的 6 日、21 日，下半年在每月的 8 日、23 日，前后不差 1—2 天。

其实，除二十四节气歌外，乘法口诀、珠算口诀等都是运用口诀记忆法的实例。

巧记标点符号的用法

我们常见的语文标点符号有句号（。）、逗号（，）、顿号（、）、分号（；）、问号（？）、感叹号（！）、引号（" "）、括号（（））、破折号（——）、省略号（……）、着重号（.）等。在学习中，我们应该怎样运用它们呢？

记忆小妙招

在学习的过程中，为了巧妙地掌握这些标点符号的正确用法，于是人们便运用罗列的方法，编了一个这样的顺口溜：

一句话说完，画个小圆圈（。句号）

中间要停顿，小圆点带尖（，逗号）

并列词句间，点个瓜子点（、顿号）

并列分句间，圆点加逗号（；分号）

疑惑与发问，耳朵坠耳环（？问号）

命令或感叹，滴水下屋檐（！感叹号）

引用特殊词，蝌蚪上下窜（" "引号）

文中要解释，两头各半弦（（）括号）

转折或注解，直线写后边（——破折号）

意思说不完，点点紧相连（……省略号）

特别重要处，字下加圆点（·着重点）

巧妙区分"买"与"卖"

对于初学"买"与"卖"这两个字的同学来说，他们往往很容易把二者相混淆。那么，究竟该怎样区分"买"与"卖"呢？

记忆小妙招

其实，大家可以运用联想法编成这样的口诀：少了就买，多了就卖。在日常生活中，人们通常是缺少了什么东西才买，"买"字恰恰比"卖"字少了个"十"字头，因此可以联系起来记。

巧记"熟"字

对于很多小学生来说，"熟"字确实是一个既难写又难记的字。那么，怎样把这个"熟"字牢记于心呢？

我们可以把"熟"字编成这样的口诀来进行记忆：一点一横长，口字在中央，子字来报信，九个一起忙，下点一把火，烧熟一锅汤。

巧妙辨别地图方向

在一次地理课上，地理老师在地图上能十分快速辨别方向，对此，同学们都十分的惊讶，也十分的佩服老师。其中一个学生十分好奇地询问地理老师："老师您为什么能从地图上那么快就找到您要指的位置呢？"

地理老师笑了笑说："这是有窍门的，同学们，你们想知道吗？"

"想——"同学们异口同声地回答。

紧接着，地理老师便把他的窍门告诉了大家，同学们从此也能迅速地从地图上找出东南西北和所要指的位置了。

你知道这位地理老师的窍门是什么吗？

原来，地理老师的窍门就是一个地图辨方向的口诀，只要把这个口诀记住了，我们就能在地图上快速而又正确地辨别方向了。

这个口诀是：地图方向辨，摆正放眼前；上北下为南，左西右东边。图形易分辨，经纬网较难；纬线指南北，东西经线圈。极地投影图，定向较特殊；对于北半球，心北四周南；北纬圈东西，自转反时走。对于南半球，心南北四周；南纬圈东西，自转顺时走。

挑战记忆的巅峰

地理位置巧妙速查

地理课上，地理老师开始询问上一节课安排的背诵作业："同学们，现在，有谁能把大洋和大洲的地理位置准确地告诉我呢?"

班上所有的同学当中没有几个同学敢举手，只有一两个举手想要抢答。

老师点了乐乐让他来回答，他站起来后，很快就答了出来。于是老师表扬了乐乐，暗示同学们课下一定要用功，没想到乐乐却说，他是用了窍门才背下来的。

你知道乐乐是用了什么窍门吗?

记忆小妙招

原来，乐乐用的窍门也是一句口诀，口诀是这样说的：洋以洲为界，洲以洋分野。太平洋为四洋首，位于亚澳两美间。大西洋西南北美，东岸临界欧与非。印度洋临亚非澳，南部三洋水相连。北冰洋面为最小，亚欧北美三洲环。

第五章　借助联想法来记忆

巧记淝水之战的历史年代

淝水之战，发生于公元 383 年，是东晋时期北方的统一政权前秦向南方东晋发起的侵略吞并的一系列战役中的决定性战役，结果有绝对优势的前秦败给了东晋，国家也因此衰败灭亡，北方各民族纷纷脱离了前秦的统治先后建立了十余个小国。而东晋则趁此北伐，把边界线推进到了黄河，并且此后数十年间东晋再无外族侵略。

而当时东晋的兵力只有 8 万余人，前秦的兵力却有 80 多万。

淝水之战成为中国历史上著名的以少胜多的战例。

那么，你将如何记忆这一著名战役发生的历史年代呢？

记忆小妙招

淝水之战发生于公元 383 年，通过淝可联想到肥胖，由肥胖想到胖娃娃，而 8 字的两个圆正好是胖娃娃的头和身体，两个 3 则是两个耳朵。这样一想就记牢了。

巧记汉代农民起义

在汉代，有三次大规模的农民起义：一是发生于公元 17 年的绿林起义；二是发生于公元 18 年的赤眉起义；三是发生于公元 184 年的黄巾起义。其中绿林起义和赤眉起义都发生在西汉，黄巾起义发生在东汉。这三次起义的时间相对来说比较容易记，但是最令人头痛的是起义名称的先后顺序容易搞混。

那么，怎样才能不把这三次起义的顺序搞混呢？

这三次起义的名称都有颜色，即绿、红（赤）、黄，可与枫叶联系起来记。枫叶春夏时绿，秋天变红，冬天变黄。

巧记魏、蜀、吴的建立

公元 220 年，曹丕建魏，定都于洛阳。
公元 221 年，刘备建蜀，定都于成都。
公元 222 年，孙权建吴，定都于建业。
那么，你如何才能将以上的历史事件记牢呢？

🎈 **记忆小妙招**

公元 220 年，曹丕建魏，定都于洛阳，需记的内容有："220"、"曹丕"、"建魏"、"洛阳"等项，可用联想记忆法记作："曹丕喂（魏）洛羊（阳），一天二两（22）饼（0）"。同理可记："刘备守（蜀）成都，一天二两（22）药（1）"；"孙权建吴业（建业），养了三只鸭（222）"。

因为刘备建蜀时已风烛残年，故一天二两药；而孙权的吴国在长江边上，故与养鸭联系。

挑战记忆的巅峰

— 57 —

巧记西晋灭吴

公元280年，西晋灭吴，从而结束了三国鼎立局面。

西晋灭吴这一历史年代呢？

🎈 记忆小妙招

公元280年，西晋灭吴，从而结束了三国鼎立局面。吴灭了，就等于吴被拆散了，消失了，而吴字可以拆成"二、八、口"三个字，正好与280相吻合。

地名的巧记

记忆下列各国的首都：

智利首都圣地亚哥、越南首都河内、老挝首都万象、蒙古首都乌兰巴托、菲律宾首都马尼拉、希腊首都雅典、西班牙首都马德里、意大利首都罗马、法国首都巴黎、荷兰首都阿姆斯特丹、芬兰首都赫尔辛基、瑞典首都斯德哥尔摩、澳大利亚首都堪培拉、新西兰首都惠灵顿、埃及首都开罗、加拿大首都渥太华。

那么，我们怎样巧妙地对上述这些国家及其首都进行记忆呢？

🎈 记忆小妙招

智利的首都圣地亚哥：一个人的智力胜过他的弟弟不如哥哥，即

"胜弟亚哥"（圣地亚哥）。

越南首都河内：大家知道，越难（越南）喝的药，体内（河内）的反应越大。

老挝首都万象：老窝（老挝）在家里，外面的万千景象（万象）自然看不到了。

蒙古首都乌兰巴托：蒙古是个草原国家，天气多变，所以乌云来了不脱（乌兰巴托）雨衣很自然。

菲律宾首都马尼拉：非礼宾（菲律宾）客，人家当然要骂你啦（马尼拉）。

希腊首都雅典：赴宴时，妻子告诫我喝饮料要"慢吸啦"（希腊），举止优雅点（雅典）。

西班牙首都马德里：我演的节目是戏班里的压（西班牙）轴戏，妈妈的心里（马德里）一直很高兴。

意大利首都罗马：我大姨对我说："旧社会，你大姨（意大利）过着骡马（罗马）般的生活"。

法国首都巴黎：工商局对无照经营的水果摊贩的处罚一般是"罚果"（法国）把梨（巴黎）没收。

荷兰首都阿姆斯特丹："荷花、兰（荷兰）花啊，母亲是特别担（阿姆斯特丹）心你们，要早点回来"——母亲叮嘱两个出门的女儿。

芬兰首都赫尔辛基：以前生活很困难，每当母亲开始做点好吃的时候，她的三个儿子便纷纷来（芬兰）到厨房，这时，母亲总说："好儿莫心急（赫尔辛基），一会就好"。

瑞典首都斯德哥尔摩：哥让我给他掏耳屎，掏耳勺锐利了点（瑞典），使得哥耳膜（斯德哥尔摩）划破了。

澳大利亚首都堪培拉："好大梨呀"（澳大利亚），妹妹刚要买，哥哥却说："看好，别赔啦（堪培拉），也不知好不好吃"。

新西兰首都惠灵顿：爱人给我买了件新西服，蓝（新西兰）色的，她说蓝色会使灵感顿（惠灵顿）现。

埃及首都开罗：古代高官出门怕挨挤（埃及）都敲锣开（开罗）路。

加拿大首都渥太华：我吃饭时夹、拿大（加拿大）块肉，可"握太滑"（渥太华）没夹住。

按顺序巧记词语

按顺序记忆下列词语：

阿里巴巴与四十大盗、小二黑结婚、哲学、闭月羞花、枯燥、商务通、布宜诺斯艾利斯、高楼大厦、山珍海味、心安理得。

记忆小妙招

"阿里巴巴与四十大盗"VCD是小二黑结婚那天晚上放的，酷爱哲学的小二黑却不管闭月羞花般的妻子，独自又看上了书。看着那些枯燥的东西，妻子说：看这些有什么用，不如通点商务（商务通）。小二黑大叫："布宜诺斯艾利斯（妻子的名字），我虽住不了高楼大厦，吃不上山珍海味，但比起那些赚昧心钱的商人，我活得心安理得"。

词组巧记

记忆下列词组：
床—热水器，碗—电视
猫—计算器，馒头—自行车
森林—电话，足球—楼房
水杯—钱包，牙刷—菜刀
电脑—拐杖，杂志—冰箱

🎈记忆小妙招

床与热水器之间进行联想：

我家的床是"高科技"床，床头带热水器的，躺床上就可洗澡，而且洗完后床一点也不湿。所以一起床就想到了那高科技的热水器。

碗与电视之间进行联想：

我们吃完饭都想看电视，谁也不爱刷碗，所以一摞碗都想看电视。

猫和计算器之间进行联想：

我家的猫很灵异，居然会按计算器，有时懒劲上来我会让猫为我按计算器。经过这个奇怪的联想，一想到猫就会想到计算器。

馒头与自行车之间进行联想：

我妈妈蒸的馒头不但好吃，而且还能做出各种形状，我最喜欢的是自行车馒头，不仅逼真，而且自行车的轱辘居然还能转，所以一说到馒头就想到了那逼真的自行车。

挑战记忆的巅峰

森林与电话之间进行联想：

森林里有信号盲区，所以无法打电话。或者想我有一次差点迷失在森林里，多亏带了电话，打了求救电话才走出来。这样一想到森林就会想到电话。

足球与楼房之间进行联想：

一次踢球时，我奋力一踢，竟把球踢到六楼顶上了。经过这夸张的联想，一提足球就会想到楼房。

水杯与钱包之间进行联想：

野外作业时，管好水杯有时比管好钱包更有用，即有时水比钱更重要。所以我外出时，从不忘两件东西：水杯和钱包。

牙刷与菜刀之间进行联想：

我的牙刷上有多功能，除了刷牙外，还可磨菜刀，所以菜刀不快时，我就用牙刷刷。

电脑和拐杖之间进行联想：

随着电脑的普及，许多老年人也开始学习电脑了，于是你经常可以看到许多老年人挂着拐杖进学堂学习电脑。这样的话，你一想到电脑就会立刻联想到拐杖。

杂志和冰箱之间进行联想：

现在科技实在是太发达了，杂志大小的冰箱也问世了，于是出门旅行的人都带着杂志大小的冰箱满街跑。

荒诞夸张的联想

如何采用一些荒诞夸张的联想，将下列词组记下来呢？

瓜子—鞭炮，酒吧—交际舞

项链—孔雀，小提琴—恐龙

春联—茶几，玫瑰—电影院

香肠—酒瓶，台灯—兵马俑

🎈记忆小妙招

瓜子与鞭炮联想：

可以想我有一次嗑瓜子把牙崩掉了，原来有一粒瓜子里藏有鞭炮，我一嗑给嗑响了，崩掉了牙，从此再也不敢嗑瓜子了。经过如此奇特荒诞的联想，一提瓜子就会想到鞭炮。

项链与孔雀联想：

我的项链坠是个孔雀，不但形象逼真，而且孔雀还能开屏哪，自己再想一下孔雀开屏的样子。

春联与茶几联想：

如果想成春联贴在茶几上就显得平淡，不易保持记忆，但如果想成贴春联时够不着大门，就踩在茶几上，谁也没有想到茶几不结实，踩坏了茶几，我也摔疼了，你还可以想想那种钻心疼的滋味，这样一提春联就会想到那个"事故"，想起那个茶几。

香肠与酒瓶联想：

我吃香肠有个毛病，就是一定要用酒瓶把香肠拍碎，所以我一吃香肠就一定少不了酒瓶。

酒吧与交际舞联想：

酒吧里经常看到有喝醉的人，搂着酒瓶跳交际舞，真滑稽！还可想一想他非缠着要和你跳一曲的样子。这样一想起酒吧就会想到那个跳交际舞的醉汉。

小提琴与恐龙联想：

一次，拉小提琴时拉得入了神，一睁眼见一只恐龙站在我面前，当时把我吓坏了，原来恐龙也爱听小提琴演奏啊！

玫瑰与电影院联想：

"手拿玫瑰，在电影院门口见。"这是今晚上相亲的"暗号"，所以千万不能忘了。

台灯与兵马俑联想：

可假想台灯在兵马俑时代就有了，原来兵马俑们怕地下黑，所以要求秦始皇每人发一盏台灯。或想我的台灯是兵马俑式的，兵马俑的头闪闪发光。

大家回忆一下，是不是记住了？由瓜子想到崩牙想起了鞭炮；由项链想起开屏的孔雀；由贴春联想起"事故"的原因——茶几；由香肠想到了"怪毛病"少不了酒瓶；由酒吧想起了跳交际舞的醉汉；由小提琴联想到爱听小提琴演奏的恐龙；由玫瑰想到了在电影院门口的约会；由台灯想起了怕黑的兵马俑。

对历史问题的巧记

请问你能不能用最短的时间记住下面的几句话？

A. 最早懂得人工取火的是山顶洞人。

B. 祖冲之是南朝人。

C. 世界上最早的纸币是"交子"。

D. 我国最早的农书是《齐民要术》。

E. 画家张择端绘出了《清明上河图》。

记忆小妙招

上面的这些内容，可以用最简单的联想法来记忆。

A 可以这样理解：一群挤在山顶洞里取暖的原始人，他们在一次意外的火石碰撞下知道了怎么生火用火，成为最早懂得人工取火的人。

B 可以这样理解：祖冲之出的题目经常难倒朝廷上众人，所以被戏称为"难朝"人，即南朝人。

C 可以说是："把这世界上最早的纸币献给国家"，这是父亲去世时交代给儿子（交子）的遗言。

D 可以这样说：说起"奇民"要数（术）北魏的贾思勰了。

E 可以理解为：一张《清明上河图》有些折断了。

还可以理解为：一张《清明上河图》，虽然有些折断（择端）了，但仍然价值连城。

填空题的巧记

记忆下列填空题：

我国境内已知的最早人类是元谋人

最早掌握原始灌溉技术是在夏朝

井田制盛行于西周

提出"民贵君轻"思想的是孟子
孙思邈的著作是《千金方》
《马可·波罗行纪》描绘的是元朝大都的繁华景象

记忆小妙招

最早人类是元谋人：最早的人类是长得猿模（元谋）样的人。

最早掌握原始灌溉技术是在夏朝：人们最早掌握原始灌溉技术不过是利用了夏天潮（夏朝）起潮落的丰富水资源而已。

井田制盛行于西周：过去井里的甜水熬制（井田制）的稀粥（西周）香极了。现在的井水就不行了。

提出"民贵君轻"思想的是孟子："民贵君轻"在封建社会是不可能实现，那时的人们只能梦想子（孟子）孙后代能实现了。

我国最早的农书是《齐民要术》：我国最早的农书是北魏杰出的农学家贾思勰所著，所以论"奇民"要数（齐民要术）老贾了。

孙思邈的著作是《千金方》：我爸一心想个孙子，可我偏生了个女儿，老爸看"思孙"的希望渺（孙思邈）茫了，方接受了这个千金（千金方）。

《马可·波罗行纪》描绘的是元朝大都的繁华景象：我家马啃菠萝（马可·波罗）形迹（行纪）可疑，原来吃草吃得大肚（元朝大肚）鼓鼓，渴了，才吃菠萝。

巧记影响气候的因素

记忆影响气候的主要因素有：洋流、地形、海陆分布、大气环流、纬度。

那么，请问你有什么办法牢记影响气候的这 5 个主要因素呢？

记忆小妙招

影响气候的这 5 个主要因素，我们可以借用"唐宋元明清"来进行联想记忆。即：

唐——洋流

宋——地形

元——海陆分布

明——大气环流

清——纬度

联想：

唐——洋流："唐"可谐音成"淌"，今年的雨水特别多，下的雨水最终都淌进"洋"流进海。

宋——地形："宋"谐音成"送"，我家的客人走时，我一定得把他们送出去，因为我家附近的路被大水冲了之后，地形十分复杂，非常的不好走。

元——海陆分布："元"谐音成"园"，我家的附近的田地也被冲的高一块低一块的，高处的农作物裸露，低处有水，如同海陆分布一样。

明——大气环流："明"想成"明天"，天气预报说，明天依然还会下雨，是因为有几股大暖气流循环流（大气环流）过的缘故。

清——纬度："清"谐音成"晴"，天气不晴朗，大概是因为纬度低，处于热带的缘故吧，还得下雨。

这样通过"唐宋元明清" 5 个字就记住了影响气候的主要因素。

挑战记忆的巅峰

巧记一串词语

下面有这样一组词语：

十四五岁、少林小子、苏小三、知音、牧马人、小海、邻居、大虎、花园街五号、红衣少女、红象、白龙马、赛虎、夜茫茫、路漫漫、雷雨、十天、武当、火焰山、少林寺、山道弯弯、泉水丁冬、鹿鸣翠谷、飞来的仙鹤、三个和尚、神秘的大佛、木棉袈裟、高山下的花环、四个小伙伴。

那么，你如何运用联想法对其进行记忆呢？

记忆小妙招

我们可以运用联想法对其进行如下记忆：

十四五岁的少林小子苏小三和他的三个知音：木马人小海、邻居家的大虎、花园街五号的红衣少女，骑着红象和白龙马，带着赛虎，不怕夜茫茫，哪管路漫漫，冒着大雨，走了十天，经过武当和火焰山，到了少林寺，这里山道弯弯，泉水丁冬，鹿鸣翠谷，到处是飞来的仙鹤。三个和尚热情地引导他们参观了神秘的大佛里的宝贝木棉袈裟，并把高山下的花环送给了四个小伙伴。

巧记秦灭六国的先后顺序

秦国在吞并了六国之后，完成了一统全国的大业，建立中国历史上第一个统一的中央集权制的国家。中国历史上诸侯割据纷争长达500余年的春秋战国时代也最终告结。

记忆秦灭六国的行后顺序：韩赵魏楚燕齐。

记忆小妙招

联想：秦始皇征战六国君时，喊（韩）叫着照（赵）胃（魏）部就是一刀，等拔出（楚）时他们已经咽气（燕齐）了。

第六章　巧借谐音法来记忆

巧记不等式的解集

你怎么才能将下列一次绝对值不等式的解集牢记在心呢？

$|x| > a$　$x > a$ 或 $x < -a$

$|x| < a$　$-a < x < a$

记忆小妙招

"大鱼取两边，小鱼取中间"。同时联想到吃大鱼只吃两边的肉，吃小鱼掐头去尾只吃中间。

物理公式的巧记

电功的公式：$W = UIt$

电流强度公式：$I = Q/t$

那么如何用谐音记忆法记这个公式呢？

记忆小妙招

电功的公式 $W = UIt$，可用谐音法记作："大不了，又挨踢"。
同样道理，电流强度公式 $I = Q/t$，可记作："爱神丘比特。"

巧记地理数据

长江是我国最长的河流，全长 6300 千米。
地球的表面积为 51 亿平方千米。

记忆小妙招

长江的长度 6300 千米，可用谐音法记作："溜山洞洞。"同样，
地球的表面积为 51 亿平方千米，可记作："地球也过五一节。"

巧记历史年代

如何记忆下列历史事件的历史年代呢？
（1）李渊 618 年建立唐朝
（2）清军入关是 1644 年
（3）中日甲午战争爆发于 1894 年
（3）中日《马关条约》1895 年签订
（4）戊戌变法从 1898 年 6 月 11 日至 9 月 21 日历时 103 天

记忆小妙招

（1）李渊 618 年建立唐朝，可用谐音记作："李渊见糖（建唐）搂一把（618）。"

（2）清军入关是 1644 年，可用谐音记作："一溜死尸。"因为清军入关尸横遍野。

（3）中日甲午战争爆发于 1894 年，可用谐音记作："一拨就死。"

（3）中日《马关条约》1895 年签订，可用谐音记作："马关的花生——一扒就捂（霉变）。"

（4）1898 年 6 月 11 日至 9 月 21 日，历时 103 天的戊戌变法，可用谐音记作："戊戌变法，要扒酒吧；路遥遥，酒两爻。"要扒酒吧，即 1989 年；路遥遥，即 6 月 11 日；酒两爻，即 9 月 21 日。

巧记八国联军进北京的时间

1900 年 8 月 14 日凌晨，八国联军对北京发动总攻。俄军攻东直门，日军攻朝阳门，美军攻东便门。上午 11 时东便门被攻破，部分美军最先攻入外城。英军中午始达北京，攻广渠门，至下午 2 时许攻入。晚 9 时，俄、日军各自由东直、朝阳破门而入。

你能用谐音法记忆八国联军进北京的时间吗？

记忆小妙招

1900 年 8 月 14 日，八国联军进北京，可以用这种谐音法来进行记忆：八国联军进北京时正赶上光绪皇帝的亲爸爸——慈禧要死，即爸要死（8月14日），喝了两瓶药酒没顶用。两瓶即两"0"，药酒即"19"，合起来为1900。

巧记电话号码

请问你将如何用谐音法记忆一下这些号码呢？

（1）电话号码：26413298

（2）电话号码：23145941

（3）电话号码：21513879

（4）手机号码：13145918821

（5）手机号码：13155919945

记忆小妙招

（1）电话号码：26413298，可用谐音记作："二流子一天喝三两酒吧。"

（2）电话号码：23145941，可用谐音记作："哎！这件衣服虽然少点派，但我就是要。"少点派即 $\pi = 3.14$ 变为314。

（3）电话号码：21513879，可用谐音记作："二姨在五一国际劳动节那天和三八妇女节那天背了支七九步枪。"

（4）手机号码：13145918821，可用谐音记作："一生一世，我就要爸爸爱'豆豆'。""1"在歌谱中发"dou"音。

（5）手机号码：13155919945，可用谐音记作："咦，'3·15'那天，我就要舅舅思念我。"

巧记圆周率

　　从前，有一天，一个爱喝酒的私塾老先生，刚开始给学生们上了一会儿课，突然又想去喝酒了，可又怕学生们"放羊"，于是他就给他的学生们布置了一道题，要把圆周率背到小数点后 30 位，并宣布放学前他会考他们每一个人，背不出不得回家，说罢就走了。学生们眼睁睁地望着这一长串数字 3.141592653589793238462643383279，个个愁眉苦脸。一些学生摇头晃脑地背起来，还有一些顽皮的学生将这一长串的数字记在了纸上，揣好之后，溜出私塾，直奔后山玩去了。

到了后山之后，他们忽然发现老先生正与一个和尚在山顶的凉亭里饮酒作乐，就扮着鬼脸，悄悄地钻进了林子。夕阳西下，这位私塾老先生酒足饭饱，回来后就考学生。那些死记硬背的学生结结巴巴、张冠李戴，而那些顽皮的学生却背得清脆圆顺，弄得这个爱喝酒的私塾先生莫名其妙。

你知道那些顽皮的学生是如何记住那一长串数字的吗？

记忆小妙招

原来，在林子里玩耍时，有个聪明的学生把要背诵的数字编成了谐音咒语："山巅一寺一壶酒，尔乐苦煞吾，把酒吃，酒杀尔，杀不死，遛尔遛死，扇扇刮，扇耳吃酒。"一边念，一边还指着山顶做喝酒、摔死、遛弯、扇耳光的动作，念叨了几遍，终于都把它记住了。

巧记与中国隔海相望的国家

与中国隔海相望的国家有 6 个：东为韩国、日本；东南为菲律宾；南为马来西亚、文莱和印度尼西亚。

那么，你如何将这几个国家很快并且熟记于心呢？

记忆小妙招

冬（东）天，在一个寒（韩）冷的日（日）子里，表演孔雀东南飞（菲）的节目，这可难（南）为了来自文莱的马来西亚和印度尼西亚两姐妹。

巧记路线

在一次历史课上，历史老师讲到，太平天国起义的时候经过了金田、永安、桂林、全州、长沙、岳州、武昌、九江、安庆和南京这几个地方。当历史老师刚刚讲完课的时候，他突然发现一个学生正在埋头睡觉，这下子，他可真有点火了，于是十分气愤地将这个睡觉的学生叫了起来，让他把太平天国起义所经过的地方全都说一遍。

谁料，这个学生很溜地回答了一句话，让老师哭笑不得。

那么，你知道这个学生是如何回答的吗？

记忆小妙招

原来，这个学生回答说："今天，有一群希望永远平安的太平天国人，徒步来到了桂林，全坐上了舟，披着长纱，越过一个洲，在这个洲遇到一个武士在唱歌，后来他们又穿过了九条江，安全并庆幸自己到达了目的地，所有的意外让男人感觉只是虚惊一场。"

平天国起义的路线：金田、永安、桂林、全州、长沙、岳州、武昌、九江、安庆和南京对它们进行谐音后便是：今天、永安、桂林、全舟、长纱、越洲、武昌、九江、安庆、男惊。而这个学生正是利用谐音对老师进行回答的。

第七章 巧借数字联想法记忆

巧记浙江省的 10 个名胜古迹

浙江省的 10 个名胜古迹：

1. 西湖　2. 普陀山　3. 天台山　4. 乐清北雁荡山　5. 莫干山　6. 嘉兴南湖　7. 桐庐瑶琳仙境　8. 永嘉楠溪江　9. 天目山　10. 钱塘江观潮。

那么，怎样才能把这10个名胜古迹巧妙地记忆下来呢？

记忆小妙招

我们把1～10的数字编程与10个景点名称进行一下联想，具体如下：

"1＝铅笔"与"西湖"：我用铅笔画了一幅美丽的西湖美景，并且这幅画获奖了。

"2＝鸭子"与"普陀山"：可假想浙江有一种"神鸭"，又大又健壮，能驮人飞行，所以来这的游客普遍要感受一下被鸭子驮上山（普陀山）的感觉。

"3＝弹簧"与"天台山"：我们可以想象游客们脚踩着弹簧，一下子就被弹到了很高的天台上（天台山）。

"4＝红旗"与"乐清北雁荡山"：游客们摇着红旗欢呼，原来他们快乐的情绪是被大雁回荡在山（乐清北雁荡山）谷中的叫声所鼓舞的。

"5＝秤钩"与"莫干山"：卖馍的用秤钩钩住馒头，称完重量之后，就背着上山了，到了山顶之后，发现重量减轻了，因为馍干（莫干山）了。

"6＝烟斗"与"嘉兴南湖"：爷爷叼着烟斗与家人兴致勃勃地在那湖（嘉兴南湖）中划艇。

"7＝镰刀"与"桐庐瑶琳仙境"：爬山时，我带着镰刀在前开路，砍着砍着，忽然看到一个燃烧着的铜炉，其香烟绕林，真有些仙境（桐庐瑶琳仙境）的意味。

"8＝麻花"与"永嘉楠溪江"：我问麻花店的老板为什么他的麻花这么好吃，他回答说："我们追求质量永佳'（永嘉），细节难细讲（楠溪江），我很忙。"

"9＝球拍"与"天目山"：可假想，最好的球拍是用天上的木头做的，可上（天目山）哪儿去找呢？

"10＝鸡蛋"与"钱塘江观潮"："把鸡蛋打碎掺几钱糖浆冲服，管潮（钱塘江观潮）湿引起的感冒"，这是我在路途上听人说的。

现在，请你们回忆一下能想起这10个景点吗？由"1"想到铅笔想到画的西湖美景，由"2"想到鸭子进而想到普陀山……由"10"想到鸡蛋想到钱塘江观潮，10个景点通过10个数字的编程就联想起来了，这就是数字编程联想法。

11～20 的数字编程可以进行以下的联想：

11：意义　异议　一亿　意译　姨姨

12：依恋　一辆　一两　遗孀　意图　要吐

13：一闪　衣衫　药膳　咬伤　完善　晚上

14：要死　咬死　一时　意识　仪式　遗失　一世　时事

15：食物　义务　异物　衣物　义乌　医务

16：遗留　一流　遗漏　一路　石榴

17：一起　一汽　仪器　义气　一切

18：一把　摇摆　衣钵　要发　姨妈

19：依旧　医救

20：暗令　挨冻　耳洞　儿童　暗洞

我们在实际运用的过程中，并不局限于以上的举例，也可以根据自己丰富的想象，加以联想，并对这些数字进行编程。从而，更进一步加深我们的记忆能力。11～20 的数字编程的具体举例在这里就不一一举例了，我们在进行记忆的时候可以对其灵活加以运用。

21～30 的数字，可以选用人体部位的名称作为其编程的。即：

21＝头　22＝眼睛　23＝鼻子　24＝嘴　25＝耳朵　26＝胸　27＝肚脐　28＝腰　29＝手　30＝脚

挑战记忆的巅峰

巧记中国百家姓复姓中的10个

司马、诸葛、东方、皇甫、上官、公孙、百里、东郭、西门、羊舌为中国百家姓复姓中的 10 个。那么，你将如何巧妙地对它们加以记忆呢？

记忆小妙招

我们可以用 21～30 的数字编程与之加以联想。

联想如下：

"21"与"司马"：头马一定要管好，饲养过马的人都知道这个道理。

"22"与"诸葛"：眼睛能看到千里之外的敌军情况，是诸葛亮战无不胜的原因。

"23"与"东方"：鼻子小是东方人的特征。

"24"与"皇甫"：嘴甜才能吃得开，尤其在皇府（皇甫）做事的人更得如此。

"25"与"上官"：相面的人说我耳朵大，将来能当上大官（上官）。

"26"与"公孙"：邻居老头很"凶"（胸），可对喊着"外公"——"外公的孙（公孙）子却很慈祥"。

"27"与"百里"：非洲有一部落，女人以肚脐大为美，肚脐大的女人就是百里挑一的美人。

"28"与"东郭"：很多爱美的女孩怕腰粗难看，冬天一过（东郭）就开始忙着减肥。

"29"与"西门"：那个淘气的小孩，总爱用手关西门子冰箱的门。

"30"与"羊舌"：我的脚气是被羊舌舔好的，这是一种民间的偏方。

这样，经过编程联想后，实际上又完成了一一对应联想法，简化了记忆环节，从而加大了一次记忆的容量。

31～40的编程采用的是谐音方法，具体如下：

31＝山药 32＝善良（"2"又读两）33＝杀伤 34＝伤势 35＝上午 36＝山路 37＝神奇 38＝伤疤 39＝散酒 40＝司令

巧记世界十大运河的名字及所属国家

世界十大著名运河的名字及其所属国家（按运河的长度从长到短的顺序排列）如下：

京杭运河——中国

伊利运河——美国

苏伊士运河——埃及

阿尔贝特运河——比利时

莫斯科运河——俄罗斯

伏尔加河—顿河运河——俄罗斯

基尔运河——德国

约塔运河——瑞典

巴拿马运河——巴拿马

曼彻斯特运河——英国

那么，我们如何对这十大运河进行记忆呢？

记忆小妙招

我们可以运用数字编程联想法进行如下记忆：

"31"与"京杭运河——中国"：山药（一种即可食用也可药用的药材）经行（京杭）家认定，孕妇喝（运河）有好处，这是中国的偏方。

"32"与"伊利运河——美国"：开凿大运河时，善良的百姓凭借顽强的毅力（伊利）开挖，没过（美国）上一天好日子。

"33"与"苏伊士运河——埃及"：凿运河时，会用到炸药，人员伤亡往往是在所难免的，苏女士（苏伊士）就哀伤极（埃及）了。

"34"与"阿尔贝特运河——比利时"：因为伤员中伤势最为严重的就是苏女士的二儿子，二儿被特（阿尔贝特）大石头击中鼻子，鼻利折（比利时）。

"35"与"莫斯科运河——俄罗斯"：医生整整抢救了一上午，后来对苏女士说："没事可（莫斯科）放心了，等他知道饿了就没事（俄罗斯）了"。

"36"与"伏尔加河—顿河运河——俄罗斯"：出院当天，走在回家的山路上，苏女士对儿子说："回家妈给你拿伏尔加喝，再炖盒（顿河）肉下酒，我儿饿喽，是（俄罗斯）吗？"

"37"与"基尔运河——德国"：回家后，朋友告诉了一个神奇的秘方，能扶正鼻子，就是把鸡耳（基尔）血滴在鼻上，这得过（德国）权威人士的肯定。

"38"与"约塔运河——瑞典"：二儿子伤好后，却留下了十分难看的伤疤，从此，没有姑娘愿约他（约塔），他进取的锐气一点（瑞典）都没了。

"39"与"巴拿马运河——巴拿马"：从此，他经常喝散酒解愁，喝醉了就喃喃自语道:"疤那么(巴拿马)难看吗,疤那么(巴拿马)难看吗?"

"40"与"曼彻斯特运河——英国":司令闻听后,前来劝解,他从司令那慢且特斯文(曼彻斯特)的话语中明白了,人不论美丑都应过(英国)同样的生活。

41~50的数字也采用谐音的方式,具体如下

41 = 四姨 42 = 思儿 43 = 失散 44 = 逝世 45 = 失误

46 = 思路 47 = 思妻 48 = 思爸 49 = 四舅 50 = 武林

按次序巧记词语

词语:小明、麻花、明白、挫折、辉煌的顶点、明月、凄凉、我这一辈子、团圆、常回家看看。

那么,我们如何按次序记忆它们呢?

记忆小妙招

我们可以进行一下联想记忆:

"41"与"小明":四姨特别喜欢小明,因为小明聪明、善良、可爱。

"42"与"麻花":四姨特别想儿子(思儿),特别是看到小明吃"麻花"的时候,因为四姨的儿子也特别喜欢吃麻花。

"43"与"明白":多年前,四姨的儿子与她失散了,她也明白儿子很难再找回来了。

"44"与"挫折":四姨的公公和婆婆因病不幸逝世。四姨和四姨父觉得他们遇到的挫折也太多了。

"45"与"辉煌的顶点"：四姨父的事业上没有失误，几乎达到了辉煌的顶点。

"46"与"明月"：四姨父有了一个寻找儿子的好思路，是他抬头望明月的时候想到的。

"47"与"凄凉"：在外出找儿子的时候，四姨父也特别思妻，有时候他感觉很凄凉。

"48"与"我这一辈子"：四姨父想：儿子一定很思念爸爸（思爸）妈妈，我这一辈子一定将儿子找到。

"49"与"团圆"：四舅也盼着四姨他们一家早团圆。

"50"与"常回家看看"：小明最近像武林中人一样热衷于习武，于是报了个武术班，但是，只要有空，他就常回家看看四姨，因为小明也很爱四姨。

下面是51~100的数字编程。

51 = 武艺　52 = 武二　53 = 午餐　54 = 无私　55 = 污物

56 = 无聊　57 = 武器　58 = 尾巴　59 = 五角　60 = 流连

61 = 轮椅　62 = 驴儿　63 = 庐山　64 = 螺丝　65 = 落伍

66 = 流露　67 = 漏气　68 = 篱笆　69 = 溜走　70 = 麒麟

71 = 起义　72 = 妻儿　73 = 气散　74 = 气死　75 = 起舞

76 = 歧路　77 = 七七事变　78 = 气派　79 = 七舅　80 = 白领

81 = 白蚁　82 = 博爱　83 = 爬山　84 = 博士　85 = 宝物

86 = 八路　87 = 八旗　88 = 爸爸　89 = 白酒　90 = 酒令

91 = 就义　92 = 酒量　93 = 九三学社　94 = 旧事　95 = 旧物

96 = 久留　97 = 香港（回归）　98 = 酒吧　99 = 舅舅　100 = 满分

以上的编程除几个特殊数字外都采用谐音的方式编程，下面结合几个实例来讲解其应用。

巧记"二十四史"的名称

二十四史是我国古代 24 部正史的总称。即：《史记》、《汉书》、《后汉书》、《三国志》、《晋书》、《宋书》、《南齐书》、《梁书》、《陈书》、《魏书》、《北齐书》、《周书》、《隋书》、《南史》、《北史》、《旧唐书》、《新唐书》、《旧五代史》、《新五代史》、《宋史》、《辽史》、《金史》、《元史》、《明史》。

那么，怎样才能将"二十四史"牢记于心呢？

挑战记忆的巅峰

记忆小妙招

我们可以采用用 71 ~ 94 的数字编程与"二十四史"的名称进行联想。

联想：

"71"与"《史记》"：在我国古代，起义的时机（史记）一旦成熟，那些起义的领袖就会领导被压迫的农民们揭竿而起，来共同反对封建帝王的统治。

"72"与"《汉书》"：我的妻儿都在国外长大，所以我要教他们"汉书"，不能忘本啊！

"73"与"《后汉书》"：突然，有一天，我很生气，但是，气散后，我又教他们"后汉书"。

"74"与"《三国志》"：气死周瑜是《三国志》中最为精彩的片段之一。

"75"与"《晋书》"：古代，有个文武双全的人，闻鸡起舞，之后，又偷偷看"禁书"（晋书）。

"76"与"《宋书》"：校长经常到劳教所，给那些走入歧路的少年送书（宋书），那些都是鼓舞人心的书，他希望他们能有一个新的美好的人生。

"77"与"《南齐书》"：七七事变后，中国死难者难计其数（南齐书）。

"78"与"《梁书》"：这个很气派的房子，是梁叔（梁书）的。

"79"与"《陈书》"：七舅请陈叔（陈书）喝酒，陈叔（陈书）最高兴不过了，因他就爱喝酒。

"80"与"《魏书》"：有的白领阶层，为了胃舒服（魏书），尽量使自己的三餐规律一些。

"81"与"《北齐书》"：白蚁肆虐，许多植物被齐刷刷（北齐书）咬断。

"82"与"《周书》"：外公被人送外号"博爱"，并不是因为他爱帮助人，而是他每周都输（周书）几百元给麻友，故人戏称之。

"83"与"《隋书》"：爷爷爬山是爬不动了，因为岁数（隋书）大了。

"84"与"《南史》"：博士并非男士（南史）专利，也有很多女博士。

"85"与"《北史》"：宝物被地质学家挖了出来，被史（北史）学家认定为非常有价值。

"86"与"《旧唐书》"：是八路军救的堂叔（旧唐书），堂叔对此事总是念念不忘。

"87"与"《新唐书》"：八旗子弟可穿新衣、吃糖、读书（新唐书），这是皇家子弟的特权。

"88"与"《旧五代史》"：爸爸有一件极为贵重的旧物，说是有五代的历史（旧五代史）了。

"89"与"《新五代史》"：爷爷平时不喝白酒，只在新年五代人同时（新五代史）喝点。

"90"与"《宋史》"：爷爷喝酒时还与我们行酒令，并诵诗（宋史）好不开心。

"91"与"《辽史》"：爷爷的很多战友英勇就义了，在辽宁就死（辽史）很多。

"92"与"《金史》"：我们所有人当中酒量最高的，还是戴近视（金史）镜的伯伯。

"93"与"《元史》"：可假想，九三学社，就是专门研究我国原始（元史）社会历史的社团。

"94"与"《明史》"：旧事已过，好友是个明事（明史）理的人，他不再旧事重提了。

这样，我们通过 71～94 的数字就可以想起二十四史的名称了，并且不容易忘记。

在这里需要说明的是，这里所举的例子都是从各个学科中随便挑选出来的。所做的联想也是仅供我们大家进行参考的，最主要的是要大家知道具体的怎样运用这些联想方法。大家在学习了这些方法后完全可以举一反三，自己去创造其他的记忆方法，可以在更广阔的联想空间去驰骋！去开拓！

这中间的 67～70，95～100 的数字编程在这里就不再一一举例练习了，经过前面例子的熏陶，相信大家都已经知道如何应用了，其实就是把数字的编程与记忆对象进行一一对应联想而已。

现在，我们大家可以再结合一实例来复习一下数字编程联想法。

巧记我国 55 个少数民族

我国 55 个少数民族：蒙古、回、藏、维吾尔、苗、彝、壮、布依、朝鲜、满、侗、瑶、白、土家、哈尼、哈萨克、傣、傈僳、佤、

畲、高山、拉祜、水、东乡、纳西、景颇、柯尔克孜、土、达斡尔、仫佬、羌、布朗、撒拉、毛难、仡佬、锡伯、阿昌、塔吉克、怒、乌孜别克、俄罗斯、鄂温克、崩龙、保安、裕固、京、塔塔尔、独龙、鄂伦春、赫哲、普米、门马、珞巴、基诺。

记忆小妙招

我们可以进行如下的联想：

"1"与"蒙古族"：可想某厂家生产的特种铅笔特别粗壮，可以用来支撑蒙古包，牧民们写字时就拿下一根，不用再找寻了。

"2"与"回族"：我家的鸭子特让人省心，它们白天出去找食吃，到了晚上就自己回（回族）来。

"3"与"藏族"：我有一把弹簧刀，它是我去西藏（藏族）旅游的时候买的，非常锋利。

"4"与"维吾尔"：抗战时，战士们高举红旗，为国而战，也为吾儿（维吾尔）孙不再受辱而战。

"5"与"苗族"：生活中，有这样一个生活常识，就是用秤钩称蒜苗（苗族）时，得先把蒜苗捆上，才能称。

"6"与"彝族"：古代，有一官员为官一生清廉，去世时烟斗是遗（彝族）留下的唯一财产。

"7"与"壮族"：一把镰刀被一壮（壮族）汉握在手里，他稍微挥舞了一会儿镰刀，一大片麦田的麦子，就被他收割了。

"8"与"布依族"：小时候，我爱吃甘蔗，爸爸妈妈不给买，我就不依（布依族）不饶。

"9"与"朝鲜族"：在一次乒乓球比赛中，我的球拍有些潮，险（朝鲜族）些输了，关于那场比赛，我的印象特深刻。

"10"与"满族"：爸爸曾经对我说过，以前，过生日时能吃个鸡蛋就很满足（满族）了，不像我们现在还有生日蛋糕吃，而且还有许多的生日礼物。

"11"与"侗族"："十一"国庆节期间，我们全家全出动（侗族）出去旅游了，我们旅游的地方还有侗族人。

"12"与"瑶族"：望着那一辆满载志愿者的车远去的地方，人们的眼里湿润了，他们遥祝（瑶族）好人一生平安！

"13"与"白族"：我穿的衣衫全都是白（白族）色的，因为我特别喜欢白色。

"14"与"土家"：老家的爷爷养了一条狗，那条狗咬死了爷爷养的一只土（土家）鸡。

"15"与"哈尼族"：邻居家的小朋友正在吃食物，他的动作和样子超级可爱，我对他"哈哈"笑了起来，他也对我"哈哈"笑了起来。我便对他说："哈、哈、哈，你（哈尼族）真可爱！"

"16"与"哈萨克族"：哥哥提着石榴去看朋友，朋友笑哈哈的说，干啥这么客（哈萨克）气。

"17"与"傣族"：哥哥特别讲义气，他帮他的朋友逮住了（傣族）偷钱包的小偷。

"18"与"黎族"：在超市里，爸爸举着一个梨向妈妈问道："要吗?"妈妈回答说："要吧，因为儿子最爱吃梨（黎族）。

"19"与"傈僳族"：妈妈自制的药酒，是用梨树（傈僳族）皮酿的，很苦。

"20"与"佤族"：刚才，我的耳洞里边一直嗡嗡响，所以就用挖（佤族）耳勺掏了掏。

"21"与"畲族"：单位领导等头头们，不能涉足（畲族）娱乐场所，这是明令禁止的。

"22"与"高山族"：所谓登高望远，眼睛只有在高山（高山族）上才能看的远。

"23"与"拉祜族"：最近，我的鼻子不知怎么了，经常呼啦（拉祜族）一下的就出血了。

"24"与"水族"：有的人嘴很会说，但是并不代表他们真有水（水族）平。

"25"与"东乡族"：我的耳朵忽然聋了，连耳边咚咚响（东乡族）的鼓声也听不见。

"26"与"纳西族"：最近胸疼，医生说，那是吸（纳西族）烟造成的，一定要戒烟。

"27"与"景颇族"：我欣赏著名的肚脐舞，是在一个风景颇（景颇族）为优美的地方。

"28"与"柯尔克孜族"：腰很粗的小胖子，很容易口渴，总是渴了喝，喝了渴（柯尔克孜）。

"29"与"土族"：漂泊海外的游子，手里捧着从祖国带去的黄土（土家），一种思念之情油然而生。

"30"与"达斡尔族"：儿子淘气闯了祸，父亲踢了儿子一脚，之后对儿子的母亲说："这是我头一次打我儿（达斡尔族），儿子哭了，我也哭了。"

"31"与"仫佬族"：山药，是姥姥生前最爱吃的东西，在她去世后，我也常常带些山药到墓前祭奠姥（仫佬族）姥。

"32"与"羌族"：善良的人们经常担心枪（羌族）支泛滥会给社会带来极大的危害。

"33"与"布朗族"：美国校园枪击案中，那些杀伤别人的人通常是是那些平时不开朗（布朗族）的学生。

"34"与"撒拉族"：一场车祸中，伤者的伤势严重，几乎变傻啦（撒拉族）。

"35"与"毛难族"：为了体验生活，我上街摆地摊，整个上午，连一件东西也没有卖出去，看来，一毛钱也难（毛难族）挣啊！

挑战记忆的巅峰

"36"与"仡佬族"：山路崎岖不平，我一不小心，硌了（仡佬）脚，很疼。

"37"与"锡伯族"：神奇的西藏，令人向往的地方，但高原上那稀薄（锡伯族）的空气，却让人透不过气来。

"38"与"阿昌族"：我脸上的伤疤是和一个名叫阿昌（阿昌族）的人打架时留下的，一看到伤疤我就会想起可恶的他。

"39"与"塔吉克族"：三角型使塔基牢固，若一角毁坏，塔基可（塔吉克族）就不牢了。

"40"与"怒族"：司令再发怒（怒族）也没有用，因为此次战斗败局已定。

"41"与"乌孜别克族"：四姨开始主持婚礼时，屋子里的宾客（乌孜别克族）热烈鼓掌。

"42"与"俄罗斯族"：四姨主持完后，大家开始吃饭，人们都适量喝酒，有几个俄罗斯朋友还拿了伏特加酒来祝贺。

"43"与"鄂温克族"："战乱时，家人都失散了，又面临饿、蚊叮、渴（鄂温克族）的威胁"，这是爷爷在给我讲以前的事情。

"44"与"崩龙族"：在一场意外事故中，有一些人"逝世"了，还有一些人被崩聋（崩龙族）了，这场事故是在人自制炸药时，不小心引发爆炸造成的。

"45"与"保安族"：失误，对于保护国家领导人安全的保安（保安族）而言，是万万不可有的。

"46"与"裕固族"：叔叔的思路很清晰，在他接手即将面临破产的鱼骨（裕固族）粉厂后，厂子又起死回生了。

"47"与"京族"：每逢思念妻子（思妻）的时候，进京的农民工会往家里打个电话。

"48"与"塔塔尔族"：思念爸爸（思爸）的时候，我就会塌塌耳（塔塔尔族），即耳朵耷拉下来了。

"49"与"独龙族"：四舅家发生了一场意外的火灾，值得庆幸的是，唯独龙（独龙族）画没有被烧毁，因为龙是中华民族的象征。

　　"50"与"鄂伦春族"金庸的小说里，武林中的恶人最终无论如何也不会存（鄂伦春族）活下去。

　　"51"与"赫哲族"：学武艺时，虽然有很多口诀，但是它们合辙（赫哲族）押韵，是很好记的。

　　"52"与"普米族"：武二（武松排行老二）为什么有那么大的力气将老虎打死呢？原来他吃的不是普通的米（普米族）。

　　"53"与"门巴族"：午餐，我们通常倚着门吃锅巴（门巴族）。

　　"54"与"珞巴族"：我爸为党无私奉献了一生，模范党员的称号自然落爸（珞巴族）的头上。

　　"55"与"基诺"：我从楼上倒污物，激怒（基诺族）了楼下的住户，他们和我大吵了一顿，从此我接受了这一深刻的教训，再也没倒过。

　　现在，我们可以闭眼回忆一下，如果没有记住的话，可以再巩固一下，这样，55个少数民族的名称基本都能记住了。

挑战记忆的巅峰

第八章　这样记忆最有趣

加减法运算

　　一辆载有 18 名乘客的公共汽车，驶进车站，这时有 5 人下车，又上来 5 人，在下一站上来 10 人，下去 5 人；在下一站下去 11 人，上来 6 人；在下一站，下去 5 人，只上来 5 人；在下站又下去 8 人，上来 15 人。

接下来，请你接着计算：公共汽车继续往前开，到了下一站下去 6 人，上来 7 人；在下一站下去 5 人，没有人上来；在下一站只下去 1 人，又上来 8 人。

好了，现在请你合上书回答问题：这辆车共停了几站？

🎈记忆小妙招

一开始，如果你就被众多的数字所缠绕，那么你也许会感到十分困惑，并且思路不清晰，不知道到底那个信息是有用的，其实很简单，这辆公交车共停了 8 站。

巧记手势

我们可以两人一组，甲认真看乙做 5 个手势。甲在乙做时不能跟着做，只能认真看。在乙把 5 个手势做完后，让甲按顺序重复做出来。

手势 1：双手握拳。

手势 2：双手各伸出大拇指。

手势 3：双手都伸出 5 个手指。

手势 4：双手各伸出小指。

手势 5：双手各伸出中指和食指。

在做完这个手势游戏第一遍之后，可以把手势的顺序倒着再做一遍，即第 5 个手势变成第 1 个，第 1 个手势变成第 5 个。

这样，我们可以看一下谁的记忆力好，并且做得又快又准确。

记忆小妙招

其实，我们对于类似这样的记忆，不管你如何记忆，一定要用心。

到底有几只小鸟

亮亮家的附近有 3 棵茂密的大树，时不时的总有小鸟在上面停歇。有一天，在亮亮放学回家的时候，他又经过了这 3 棵大树的旁边。此时，恰巧又有一群小鸟在上面停歇，它们还不停地唱着欢快而动听的歌曲。

此时的亮亮被这群可爱的小鸟吸引了。亮亮数了一下树上小鸟的总数，发现共有 36 只小鸟停歇在上面。

亮亮不停地思考着，并得出了以下结论：如果从第一棵树上飞 6 只小鸟到第二棵树上，然后再从第二棵树上飞 4 只小鸟到第三棵树上，那么 3 棵树上的小鸟的数量就相等了。

那么，你能根据亮亮的结论记住出现在每棵树上的小鸟到底有几只吗？

记忆小妙招

3 棵树上的小鸟数量分别是：18 只、10 只和 8 只。

记忆力大比拼

有一位世界记忆大赛的冠军。他仅仅用 30 秒的时间就可以记住一副扑克牌的顺序，记忆力非常好。

事实上，这位世界记忆大赛的冠军提高记忆力是有一定的窍门的。现在有一关于人体的描述：头发、眼睛、手和腿。你能用这些人体的器官名称在最快的时间里记住丝带、黑曜石、竹子、木桩这 4 个词吗？其实，这位冠军就是经常这样提高自己的记忆力的。

记忆小妙招

我们可以根据人体器官的提示，这样来记忆丝带、黑曜石、竹子、木桩这 4 个词语：

丝带像女孩的头发一样，随风飘舞，柔顺。

黑曜石宛如姑娘的眼睛一般黑耀闪亮。

竹子就像人的手指一样，细而直并且是一节一节的。

木桩就像人的腿一样，圆圆的，长长的，笔直地挺立着。

巧记远古时代的生活

半坡氏族是我国远古时代部落氏族的一支，半坡氏族部落的生活已有其自己的特点。下面是半坡氏族时期的一些生活情况，你能想一个好的办法，并用一些联想，快速地将它们记忆下来吗？

A. 普遍使用磨制石器，使用磨制石器的时代叫新石器时代，他们还使用弓箭。

B. 已经使用陶器。

C. 原始农业已有发展，种植粮食作物粟。我国是世界上最早培植粟的国家，已学会饲养猪狗鸡牛羊。

D. 已学会建造房屋，过着定居的生活，形成村落。

记忆小妙招

其实，像这样大段大段的句子我们并不一定要一字不差地记下来。因此，可以先把一些重点先记下来，比如 A 中的，磨制石器、新石器时代和弓箭。B 里的陶器。C 里的农业、粟、牛羊等。D 里的房屋、定居等。

记下了这些重点词汇之后，再联系上下文，短时间记忆也就不成问题了。

巧记扑克牌

我们都知道一副扑克牌一共有 54 张，共分为 4 种花色。通常情况下，扑克牌上的花色都十分简单，并且同一种花色的牌面十分相似，我们很容易将它们弄混，如果按照它们原来的花色进行记忆的话，有的时候往往会搞得十分杂乱，而且也根本记不住。

那么，你有什么好的办法，能将这 54 张扑克牌更有效，更快速地记下来吗？

记忆小妙招

其实，如果我们想要有效而快速地记忆扑克牌，可以先把一副完整的扑克牌分成两部分，一部分是数字的牌面，另一部分是人物的牌面。

如此一来，数字部分的牌面就可以全部用数字来代表，例如：黑桃用 1 代替、红桃用 2 代替、草花用 3 代替、方片用 4 代替，然后再将花色的数字与牌面的点数组合起来，组成一个双位数。

这样的话，剩余的就是一些人物牌面的扑克牌了，我们可以将这些人物牌面，用一些生动的并且所熟悉的男女人物来代表，很显然，这样一来，每张牌都有它独特的特点，记起来就容易得多了。

挑战记忆的巅峰

巧记人名职务

每个人是不可能完全脱离于社会而独立存在的，人与人之间必然会有交往，这样产生了社会交际，而在社会交际中，人们往往会遇到一些应酬，结识一些朋友。

有的时候，人们面对第一次认识的生意伙伴，经过对方的一番介绍，将如何快速地记住他们的姓名和职务呢？

有一天，小张在公司总经理的带领下来到一个会议厅，里面坐满了来参加这次会议的各个公司的领导和代表。小张的总经理分别向他介绍了本市记者王海楠、某食品公司经理秦良兴、某运输公司陆海燕以及某领导司机赵亚楠。

由于参加这次会议的人员特别多，小张的总经理向他介绍完这几个人后又领着他去认识新的合作伙伴了，可是，在小张再次遇到这几个人的时候，小张却十分准确地认出了他们，并且连他们的名字和职务也记得相当准确。

那么，你知道小张是究竟的如何做到的呢？

记忆小妙招

原来，小张是用了一些窍门来记这些名字和职务的。

例如：本市记者王海楠，小张在他的总经理介绍后，就在心里默想记者可是个忙碌的职业，总是往海南（王海楠）跑新闻。这样他就记下了王海南的名字和职务。

某食品公司经理秦良兴，小张也默想：秦良兴，一个勤（秦）劳、善良的人，他的食品公司生意十分兴隆。

记忆其他名字也是一样，他总是想一些生动有趣，又熟悉的事情将他们的名字串在一起，于是就快速地记下了所有人的姓名和职务。

巧记课堂作业

有一天，语文老师在课堂上布置了一个课上作业。当同学们听完这个作业之后，一片愕然。

原来，老师的要求是在一分钟之内把鲁迅的《彷徨集》内所有的篇章名都给背下来。

刚开始的时候，班上的同学以为老师说错了，当老师又重复了一遍之后，才再一次确定老师要求的时间确确实实是一分钟。《彷徨集》共有《祝福》《在酒楼上》《幸福的家庭》《肥皂》《长明灯》《示众》《高老夫子》《孤独者》《伤逝》《弟兄》《离婚》11篇，要把所有的章节名背诵下来，怎么也得用三五分钟吧？一分钟之内怎么可能记忆下来呢？

可是，就在那不到一分钟的时间内，小波同学竟然将《彷徨集》内所有的篇章都给背了下来，这下子，同学们又一片愕然。同时他们又满脸疑惑：不到一分钟的时间，小波究竟是怎么做到的呢？

记忆小妙招

其实，小波是用了一些特殊的记忆方法——串联记忆法，他把所有的篇名全都串成一句有趣的话，很快就将所有的篇名记了下来。

小波是这样记的：小二正在《祝福》《在酒楼上》刚刚结婚的《幸福的家庭》的时候，不知道究竟是谁在地上掉了一块《肥皂》，小二一不小心一脚就踩了上去，然后碰倒了预示幸福的《长明灯》，并引起了一连串的慌乱。结果，小二被捕快抓去《示众》，这时在场的一位《高老夫子》，《孤独者》替小二求情，并将小二救出。但是由于小二受伤太重，在高老夫子家《伤逝》，他的《兄弟》前来领走了尸体。小二的嫂子听到此事，嫌弃他们家名声受损，担心惹祸上身，就与她的丈夫《离婚》了。

第九章　巧记细节，尊重真理

被谋杀的演奏者

　　许多年前，有一位非常有名气的小提琴艺术家，他有着精湛的演奏技艺，许多人都慕名来拜访他，并想拜他为师。因为一旦成为他的徒弟的话，不仅从他那里学到精湛的演奏技艺，而且还可以通过他的名气获得别人的重视和青睐。虽然，这位艺术家从来不轻易收徒弟，但还是有两个孩子很幸运地成为了他的徒弟。

　　在这位艺术家的培养下，多年之后，两个孩子都成为了拥有精湛技艺的小提琴演奏者，而此时他们都已长大成人。但二者相比起来，艺术家更喜欢早一点入门的那个年轻人，并不是说后入门的那个年轻人技艺不好，而是师父发现他为人太喜欢嫉妒，性格上显得有些阴毒。

　　其实，这个后入门的年轻人对师父的偏向一直都耿耿于怀，他一直都在等待一个机会，一个能让自己一展身手出人头地的机会。这个机会很快就来了，师父要参加一个大型的小提琴演出，并且到时候，业界颇有声望的人士都会前来观看。

　　师父决定让一个徒弟随他一同登台表演，而他选中的那个人，恰

挑战记忆的巅峰

好就是那个早入门的年轻人，这让另外一个徒弟心生恨意。离登台表演的时间只差 10 分钟了，但被选中的那个徒弟进了化妆室之后就再也没有出来，师父去看时，却发现他已经倒在椅子上死掉了，胸前的刀口上，鲜血还在汩汩涌出。警察到了之后，为了避免现场出现混乱，就封锁了消息，让艺术家带着另外一个徒弟赶快登台。

另外一个徒弟在得到上台的通知以后，什么都没有问，整理了一下衣服就拿着琴随师父登台了。

师徒二人配合得简直太完美了，然而美妙的音乐一停，当师徒二人刚走下台的一刹那，一副冰冷的手铐就套在了徒弟的手上，原因是警察认定他就是杀人犯。

虽然我们也从情理上猜测到二徒弟有可能就是杀人的人，但警察究竟是从哪里认定他就是杀人者呢？

参考答案

警察从徒弟登台前的表现上推断出他就是凶手。假如，他并不知道发生了杀人案，但是对师父突然让自己上台的转变他却不闻不问，连琴都不用调就直接拿着琴走上了舞台，可见他早已经知道自己肯定会上台，并且早就做好了登台演出的准备。因此，他肯定涉嫌谋杀。

找错钱的收银员

爸爸给了玲玲两张 50 元人民币让她去超市买东西，在超市里，玲玲买了两本单价 10 元的漫画书，买了一盒单价是 20 元的巧克力，又买了一盒 8 元的蜡笔，结完账，收银员又给玲玲找了 57 元。

玲玲一算，她一共花去 48 元，如果找给她 52 元的话就是对的。

可当她回家后，爸爸却说收银员找错钱了。

那么，你知道玲玲的爸爸为什么会这么说吗？

参考答案

玲玲一共花掉了48元，那么她肯定只会给收银员一张50元的而不是两张。这样说来，收银员在她买过了48元的东西后又找给她52元，可不就是找错钱了吗？

我们在思考问题的时候，一定要注意细节，要善于突破既成观念上的束缚，只有这样，我们才能找到问题的突破点。

分苹果的兄弟

有这样两个兄弟，他们都特别喜欢吃苹果。有一天，家里的苹果吃完了，兄弟二人便决定用他们的零用钱去买些苹果回来吃。于是，哥哥和弟弟各自拿出相同数目的零用钱合起来买了苹果，到家之后，二人又想将买来的苹果对半分开。

弟弟吃了一个苹果后觉得这次买的苹果味道好极了，便和哥哥商量，想多吃两个，哥哥想了一下，便跟弟弟提出了这样一个交换条件："每个苹果都是1块钱，如果你比我多吃两个的话，你等会儿还我两块钱就可以了，这样的话，我们两个人就谁都不会吃亏了。"

那么，你觉得这一个交换条件公平吗？为什么？

参考答案

事实上，这样的分法是不公平的。如果按照哥哥的办法来进行交换的话，弟弟实际上亏了 1 块钱。因为苹果本来就是两个人合买的，那么，弟弟多吃这两个苹果中，有一个本身就属于弟弟的，而另外一个才是弟弟多吃的，因此，公平的交易方法是弟弟再付给哥哥 1 块钱。

吃光的青草

一天傍晚，有一个放牛人，牵着一头牛往家里走去，走着走着突然觉得有点困倦，因为他的背上还背了满满一箩筐的青草。于是便放下青草准备在路边小睡一会儿。但是，他又怕牛把青草吃掉，便用一根 4 米长的绳子将牛拴在附近的一棵树上，将青草放到距牛 6 米远的地方。做完这一切之后，这个放牛人便安心躺在一边睡觉去了。但是，等他睡醒之后，他却发现那满满一箩筐的青草已经被那头牛全部吃光了。

"贪吃的牛！"他生气地说道。

此时的他真有点纳闷，因为拴牛的绳子根本没有那么长，他认为牛是根本吃不到草的。

那么，你能仔细地想一想，那头牛是究竟怎么够到青草的呢？

参考答案

我们仔细地一想，就会发现，这个问题的关键就在拴牛的那根绳子上。绳长 4 米，那么牛就可以在直径为 8 米的范围内活动。这样一来，那筐距牛 6 米的青草，便是在牛的活动范围之内了。

吃药的时间

有一天，小吉姆陪着陪妈妈去医院看病，医生给妈妈开了 5 颗药丸，让妈妈每隔一个小时服用一次。

那么，小吉姆的妈妈把这药丸服用完毕需要多长时间呢？

挑战记忆的巅峰

参考答案

答案是 4 个小时。你想说是 5 个小时吗？不要忘记，凯特妈妈现在就要吃一颗，一个小时后再吃一颗，那吃完这 5 颗药丸总共是需要 4 个小时的。

瞧这道难题

《爱丽丝漫游奇境记》中有一道这样的益智趣题：特威德勒哥哥与特威德勒弟弟站在他家右边的一棵树下咧开嘴笑着。爱丽丝见到他们两个就说："如果不是你们衬衫衣领上的花不同，恐怕我都分不清哪个是哥哥，哪个是弟弟呢！"

爱丽丝说完此话后，其中的一个兄弟说道："爱丽丝，你应该运用逻辑推理的方法！"说罢，他便从口袋里掏出了一张扑克牌，朝着爱丽丝扬了扬——那是一张方块皇后。他说道："你看，这是一张红牌。红牌表明持牌的人是讲真话的，而黑牌表明持牌的人是讲假话的。现在，我兄弟的口袋里也有一张牌，并且这张牌不是红牌就是黑牌。他马上要说话了。如果他的牌是黑的，他将要说假话；要是他的牌是红的，他说的是真话。你可以从他的话语中判断对方是特威德勒弟弟，还是特威德勒哥哥吗？"

他说完后，另外一个兄弟开腔了："我是特威德勒哥哥，我有一张黑牌。"

这个人说完后，爱丽丝一下就知道他是谁了，那么，通过这些细节，你知道这个人是谁吗？

参考答案

假如说话的人讲的是真话，那他会是特威德勒哥哥，应持有一张黑牌，但他是不可能既讲真话而又持黑牌的。可见，他必然在说假话，而这就意味着他持有的必然是张黑牌。由于他讲的是假话，所以他决不会是持黑牌的特威德勒哥哥，而一定是持有黑牌的特威德勒弟弟。

买面包的男孩

有一天，一个小男孩踮着脚尖到柜台边买吃的："请给我一个面包！"售货员问道："你是要果酱面包还是要奶油面包？"小男孩问道："请问，它们的价格是一样的吗？"售货员答道："它们的价格并不一样。果酱面包90美分，奶油面包1美元。"小男孩紧接着把1美元放到柜台上，并说道："那给我一个奶油面包吧！"

过了一会儿，又有一个小男孩来买面包，孩子将1美元零钱放到柜台上："请给我一个面包！"售货员随手就给了他一个奶油面包。

那么，你知道售货员为什么不用问就知道第二个小男孩想要奶油面包吗？

参考答案

因为第二个小男孩是拿着一堆零钱来买面包的，其实，他放在柜台上的1美元是2个25美分和5个10美分。如果他想要果酱面包的话，那么他就会将2个25美分和4个10美分放到柜台上。

老师的回答

有一天，张老师决定在课堂上对同学们进行一次思维测验，他要求同学们在3秒钟内回答他提出的问题。

第一个回答问题的是佳佳。

"树上有 6 只鸟，猎人开枪打死 1 只，还剩几只活的？"张老师说得很快。

"1 只也没有了，因为它们都飞……"

"错！"张老师打断了他的回答。第二题，泥淖中有 6 只蚯蚓，挖断 1 只后还剩下几只活蚯蚓？"

"5 只！"佳佳略一思考便报出了答案。

"错！"张老师依旧这样回答。

那么，张老师说的真对吗？你又如何认为呢？

参考答案

其实，张老师的答案并没有错。第一道题的正确答案是还剩 5 只活的，因为张老师并没有问树上还剩几只鸟，而是问有几只是活的；而第二道题的答案是还剩 6 只活的，因为蚯蚓的再生能力很强，即使铲断了也不会死掉。

小木箱哪去了

1937 年 7 月 7 日七七事变（又称卢沟桥事变）的爆发，是日军全面侵略中国的开始。为了躲避战火，免受迫害，1940 年妈妈和 8 岁的安安决定离开家乡去找远在他乡的爸爸。临走前，他们把家里的贵重东西装进了两只木箱里。妈妈从家门口数起，在数了 20 步的地方挖了个坑，把木箱埋了下去；安安也学着妈妈的样子从家门口数起，在数了 10 步的地方，把自己的小木箱也埋了下去。

1945 年，日本法西斯被打败了，安安和爸爸妈妈回到了老家。房子已经被烧毁了，但那扇门还颤颤巍巍地立在那里。于是妈妈又跟过去一样，从大门口起数了 20 步，挖出了大箱子。安安也从大门口起数了 10 步，挖呀挖呀，却怎么也挖不到小木箱，里面装有疼爱他的爷爷留给他的唯一的礼物。此时的他很着急也很疑惑，难道自己的小木箱被日本侵略者挖走了吗？

挑战记忆的巅峰

🎈参考答案

　　其实，小木箱肯定还埋在地下。1940 年的时候安安 8 岁，等 1945 年日本战败后，安安已经 13 岁了，他已经长大了许多，步子自然也迈得比以前大了，因此，他现在找箱子的地方肯定比以前埋箱子的地方远。

电话号码的猜测

约翰、乔治、罗恩三人想给凯琳打电话，可是谁也想不起来凯琳的电话号码究竟是多少。约翰说："好像是89431。"乔治说："不对，应该是43018吧！"罗恩说："我记得是17480。"事实上，凯琳的电话是由五个不相同的数字组成的。如果说约翰、乔治、罗恩说的某一位上数字与凯琳的电话号码上的数字相同，就算说对了这个数字。现在他们三人都说对了位置不相邻的两个数字，且这两个数字中间都正好隔一个数字。你能推断出凯琳的电话号码是多少吗？

参考答案

因为每人说对两个数字，3人一共说对6个数字，而电话号码只有5个数字，所以必然有一个数字两人同时说对。把三人说的电话号码排列起来，如下：

约翰：8 9 （4） 3 1

乔治：4 3 0 1 8

罗恩：1 7 （4） 8 0

不难看出，约翰和罗恩说的中间数字都是"4"，可想到这是两人都说对的。又因为每人说对的两个数字不相邻，所以约翰和罗恩说对的另一个数字分别在电话号码的头或尾。那么乔治说对的数字既不是中间数，也不是头、尾的数，只能是"3"和"1"这两个数字。如果罗恩说对了"1"和"4"，则约翰说对的是"4"和"1"，两个"1"重复，所以应该是约翰说对"8"和"4"，罗恩说对了"4"和"0"。

谁捡到了项链

亮亮、欢欢、小雨3个人在放学的路上拾到一条项链，交给警察叔叔。警察叔叔问他们3个人是谁拾到的。

亮亮说："这条项链不是我拾的，也不是欢欢。"

欢欢说："不是我，也不是小雨。"

小雨说："不是我，我也不知道是谁拾到的。"

3个人告诉警察叔叔，他们每人说的话中，一半真，一半假。他们想做个拾金不昧的好孩子，但是他们都不想让警察叔叔知道到底是谁拾到的，所以都没有对警察叔叔讲真话。但是聪明的警察叔叔很快就判断出项链是谁拾到的了。

你知道项链是谁拾到的吗？

参考答案

原来，项链是欢欢拾到的。因为3个人都在场，所以小雨的后半句是："我不知道是谁拾到的"是假的，他的前半句话"不是"是真的。由小雨的前半句话是真的，可知欢欢的后半句话是真的，前半句话是假的。由欢欢的前半句话是假的，可知亮亮的后半句话是假的，前半句话是真的。

事出有因

某煤矿突然发生了一起事故。为了尽快地查出事故的原因，有关

挑战记忆的巅峰

部门立刻组织专家，对此起事故进行现场勘查和分析，最后现场的4位事故分析专家得出了下列断定：

甲：事故发生的原因是设备问题。

乙：确实是有人违反了操作规范，但事故发生的原因不是设备问题。

丙：如果事故发生的原因是设备问题，则有人违反了操作规范。

丁：发生事故的原因是设备问题，但没有人违反操作规范。

如果在上述的断定中只有一个人的断定为真，则以下哪一项可能为真？

A. 甲的断定为真。

B. 乙的断定为真。

C. 丙的断定为真，有人违反了操作规范。

D. 丁的断定为真，没有人违反操作规范。

参考答案

D。

第十章　挑战记忆的游戏

测测你的记忆能力

　　下面是一道关于记忆力自我测评的游戏，请在你认为最恰当的数字上画圈：如果情形完全符合，就在数字 1 上画圈；如果只是偶尔有

的事或者你不太确定，那么就在字 2 上画圈；如果是从来没有的事，就在数字 3 上画圈。1、2、3 表示分数，测评完后累计加分，看看你属于哪个阶段的记忆力。

1. 当你外出的时候，突然碰到一位久未见面的熟人时，你几乎不能够记得他/她名字。

1   2   3

2. 如果你不作任何书面备忘的话，你常常会忘记他人的生日。

1   2   3

3. 要做一件特定的事情，你常常得依靠他人的提醒。

1   2   3

4. 如果不列清单就去超市购买食品，你往往会多跑一趟超市。

1   2   3

5. 你常常为忘记传达重要的电话留言而感到内疚。

1   2   3

6. 读一本书时，你很容易忘记刚刚读过的前一章的内容。

1   2   3

7. 要掌握生词或外来短语似乎需要花费你几个世纪的时间。

1   2   3

8. 如果没有人当场告诉你，你不可能记住一个电话号码。

1   2   3

9. 谈话中途受到干扰后，你有时得问刚才你讲到哪里了。

1   2   3

10. 当按照菜谱进行烹饪或操作一件复杂的器具时，即使你已经做过那道菜或使用过那个器具多次，你仍然需要参照说明。

1   2   3

11. 你常常忘记看一场特别的电视节目，或忘记设定 VCR 录制你想看的节目。

1   2   3

12. 你之前曾因为忘记炉子上烧着饭，而把它烧糊了。

1   2   3

13. 你等水烧开等了好长时间，结果发现你忘记把火打开了，这种情况偶尔会发生。

1   2   3

14. 你吃药的时候，有时你会问自己是否已经吃过了。

1   2   3

15. 你常常会在去上课或上班的时候把一份重要的文件忘在家里。

1   2   3

16. 当你把重要的东西藏在一个"安全"的地方时，你有时需要花费好长时间才能把它找出来。

1   2   3

17. 当你忘记上闹钟的时候，你有时会睡过头。

1   2   3

18. 有时你会完全忘记要打一个重要的电话。

1   2   3

19. 你几乎不记得把钱花在了哪里。

1   2   3

20. 当你身上带有很多钥匙的时候，你会弄不清楚哪个钥匙开哪个锁。

1   2   3

参考答案

其实，这只是一道简单的测试题，只需将你日常生活中的表现选在每小题后的答题序号即可。这个测试可以帮助你检验一下自己的记忆力。

20~33分：你的记忆力似乎很让你失望，但是你可以从一些建议中收益许多。例如，用书面备份来提醒自己。也许你的学习或生活可能过于忙乱，结果就为你可怜的记忆增添了太多的压力。

34~47分：你的记忆力似乎非常可靠，但是偶尔也会出现些失误。学习一些有用的技巧可以帮助你进一步提升记忆力，尤其是在记忆准确度要求很高的事物时。

48~60分：你的记忆力确实非常好。你很少忘记事情。这也许是你的生活方式非常有规律的结果。

别具一格的组合

下面这些文字是由英文字母和汉字杂乱组成的2组字集，请你任选一组，记忆30秒之后，尽可能全部说出它们。

字集1：B身A各C体D的F位E数G位

字集2：I我H和G你K字M文L化

记忆小妙招

其实，在记忆的时候，要先观察其规律，你就会发现其中的英文字母是有顺序的，然后你只要记忆汉字，就可以很轻松地完成这个游戏。

粗心的李叔叔

某星期天，王阿姨外出有事，临走的时候，特地嘱咐李叔叔去超市里买一些日常的生活用品。王阿姨还写了一张购物的清单，并将清单交给了李叔叔。李叔叔去买东西，刚到超市，突然发现自己竟然把买东西的清单丢了。

①香菇鱼丸　②肥皂　③盐　④大米　⑤洗衣液　⑥苹果　⑦面条　⑧香菇　⑨电饭煲　⑩萝卜

提问：

（1）纸条中的④、⑥、⑨的物品是什么？

（2）不能吃的东西有哪些？

④大米、⑥苹果、⑨电饭煲。不能吃的东西是：肥皂、洗衣液、电饭煲。

到底少了什么

我们可以在桌子上摆放一行物品：手表、铅笔、橡皮、水杯、糖块、火柴棒、书、积木、钥匙、报纸。

让你的同伴面对桌子观察 1 分钟，然后请他背对桌子说出每件物品的名称。

让同伴面对桌子观察 1 分钟，然后遮住同伴的眼睛，悄悄拿走铅笔、糖块。给同伴解开眼罩，让他说出桌子上少了哪些物品。

记忆小妙招

我们在记忆的过程中既要善于思考"增加"，又要善于思考"减少"。记忆零散的物品，最好的记忆方法就是"故事记忆法"，把我们所看到的东西用故事的形式串联起来。

找 规 律

下列各数字按一定的规则排列而成，请把正确的数字填入空栏内。

①2—5—8—11—14—（　）—20

②2—6—10—（　）—18—22

③5—8—13—22—（　）—2—103

④6—9—18—（　）—42—45—90

参考答案

①17。每个数之间相差为3。

②14。每个数之间相差为4。

③37。5加8之和与13的差为0；8加13之和21与22的差为1；13与22之和与37相差为2；22加37之和与62相差为3，37与62之和与103相差为4。

④21。除了6之外，9与18、21与42、45与90都成倍数关系；9减去6得3，然后9的2倍加3为21；21的2倍加3等于45。

比比谁记得快

将同学分为甲、乙、丙三组，并让这三组同学分别看同一张单词表，但是，看得过程中，对他们却有着不同的要求。要求甲组同学只是看一遍；要求乙组同学评价这张单词表中的每个单词会给人愉快、不愉快两种情绪中的哪一种；要求丙组的同学找到这张单词表中单词以不重复字母开头的分别有多少。然后对这三组同学分别进行测验，看看他们的记忆效果到底如何。

请你猜一猜甲、乙、丙这三组谁的记忆力效果会更好呢？

记忆小妙招

其实，乙组同学的记忆效果最好，丙组同学的记忆效果则为最差。因为和甲组相比，乙组同学经过自己的实践，经过自己大脑的评价，所以能够对单词产生更深刻的印象。但是，你也许会有下面的疑问：丙组同学不是也有用实践思考的活动吗，他们不也用情感来记忆了吗？为什么反而不如甲组同学记得牢呢？而事实上，对丙组的要求并不利于强化他们的记忆，反而会冲淡他们的记忆目的，等于做了负功，做了相反的努力，从而干扰了他们的记忆，因此，丙组的记忆效果没有甲组和乙组的好。

明确的记忆目标

一位老师曾经对甲、乙两个班的同学做了这样一个实验：

给甲、乙两个班的同学布置默写课文的作业，并且都告诉他们第二天会对他们进行测试。第二天果真测试了，结果两个班成绩基本上一致。

测试后，这位老师只告诉甲班同学两星期后还要测试，而乙班同学不知道。两个星期后，这位老师又对两班的同学进行了测试，结果，甲班同学的成绩比乙班同学明显要好得多（甲班同学在测试前也没有复习）。

那么，这究竟是为什么呢？你知道这其中的道理吗？

记忆小妙招

这位老师的实验说明，并不是甲班同学比乙班同学更聪明，记忆更好，而是由于"一次测试后，对甲班提出了更长久的记忆目标，结果甲班同学就记得长久些。

这个例子也告诉我们，在学习中要养成一种习惯，要严格要求自己，给自己明确提出记忆的目标，只有这样，我们在记忆的时候才能有好的记忆效果。

强化的记忆

艾滨浩斯是德国一位著名的记忆心理学家，他曾经做过这样一个实验：他将几组 16 个无意义音节列出，然后对其进行背诵，到刚好能背诵之后，有一组无意义音节他又多读了 8 次，有一组又多读了 16 次，直至最多读了 64 次，间隔 24 小时后，艾滨浩斯又将这些音节进行了复习了，直到能背诵为止。

请你也来做一个这样的测试吧！看看最后会有什么惊奇的效果呢？

记忆小妙招

其实，结果你会发现，保持的百分比，几乎与我们学习时能够背诵后所多读的次数相当，也就是说多读 8 次，就能多保持 8%，读 24 次则多保持 24%，读 64 次则多保持 64%，并且这个数字成了"极限"。同时也就是说，过度学习能提高记忆的保持量（记住量），记住量的多少与超额学习的遍数（在一定范围内）成正比。

限定时间记忆法

如果把 26 个英文字母按顺序排列：abcdefghijklmnopqrstuvwxyz，让一组同学在限定的 2 分钟时间内对其进行记忆；如果把 26 个英文字母打乱排列成为 bevdwgtkaiyhxnlrzpqmsoucjf，让另一组同学在限定的 2 分钟时间内对其进行记忆。结果表明，第一组同学很轻松地完成了任务；而第二组同学却没有能在规定的时间内完成，并且所用时间大大超过了第一组所用的时间。

你知道这是为什么吗？你也可以亲自做一个这样的小实验，看看结果如何。

记忆小妙招

其实，我们对不同难度程度的材料进行记忆的时候，规定的时间也应该有所不同，不能想着自己一下就能把全部的都记住，那样话，很容易使我们丧失信心。所以，当我们遇到数量不大而又比较容易的材料时，就可以采用限定时间的方法把它们一气呵成地记住。

借助反复记忆

心理学家曾经做过这样一个实验，将一些人分 5 组，让他们分别学习一天大约 170 字的传记材料，学习时间为 9 分钟。在学习结束时以及学习后 4 小时分别测试一次，看能记住多少。

第一组将全部时间均用于诵读，即时测验记忆率为 35%，4 小时后记忆率为 16%；

第二组用 4/5 的时间诵读，1/5 的时间尝试背诵，即时测验记住 41%，4 小时后记住 25%；

第三组用 3/5 的时间诵读，2/5 的时间尝试背诵，即时测验记住 41%，4 小时后记住 25%；

第四组用 2/5 的时间诵读，3/5 的时间尝试背诵；

第五组用 1/5 的时间诵读，4/5 的时间尝试背诵，这两组即时测验和 4 小时后测验成绩均分别为 42% 和 26%。

由此可见尝试背诵效果最好。你也来试一试吧！

记忆小妙招

背诵不仅是一种有效的记忆方法，而且通过背诵还可以培养和锻炼人的记忆能力。

反复阅读就是在学习时对所学的材料从头到尾反复阅读。反复阅读和尝试背诵相结合就是先阅读几遍材料，头脑里有了大概印象之后，就不再看书，试着背诵。能背出来就放过去，背不出来时再翻阅书本。如此循环往复，直至达到熟记和背诵的程度。

将反复阅读和尝试背诵相结合，这种方法避免了单纯阅读和背诵造成的单调刺激，提高了大脑工作的主动性。并且还可以使自己知道哪儿记住了，哪儿还未记住，以便及时重新分配自己的时间和精力，以最少的精力和时间取得最好的记忆效果。此外，还能使自己及时地发现自己的成绩和进步，增强自信心。

回忆和联想

下面有 10 对词组，你可以从前面的词联想到后面的词，最好进行形象联想。5 分钟后，看着上边回忆下边。如果有个别的词语没能回忆出来，那么请考虑一下你所联想的内容是否恰当。

（1）烟嘴——贝壳　（2）房屋——酒　（3）墨鱼——绝壁

（4）书架——被褥　（5）斑马——信　（6）烟灰缸——飞机

（7）飞碟——钞票　（8）庙——阿尔卑斯山　（9）门——小刀

（10）船——席子

你都回忆起来了吗？

记忆小妙招

其实，我们在记忆上面的词组的时候，可以展开丰富的想象，运用联想记忆的方法基本上都可以回忆起来。例如：可以想象，一个用贝壳做的烟嘴、阿尔卑斯山上的一座庙、小刀在门上划了、一道船上铺着席子，等等。

捕捉声音片段

播放一段长一分钟的录音，并且请你仔细地听一遍，然后把你所听到的内容写下来，再对照录音，看看自己到底记忆了多少内容。

记忆小妙招

其实，这样背诵的时间最短。只要集中注意力，认真地听，大约一分钟左右即可把所听的内容背下来。

联想巧记

我们可以把身体的各部位自上而下编号如下：1—头、2—额、3—右眼、4—左眼、5—鼻子、6—背、7—下颌。如果说"2"，马上回答"额"。如果说："3"。马上回答"右眼"。这样将身体各部位的数字号码记住，再与其他应该记忆的事项进行联想。

例如，"2"是飞机，我们就可以联想飞机撞击自己额头。如果"4"是铅笔的话，就联想左眼被铅笔刺得疼痛难忍。这样，当别人问"4"时，便能很快地想出："4"—左眼—铅笔。

我们可以试着玩一下这个游戏，同时可以练习一下编码记忆法，看看你究竟能用多长的时间，将这些编码及与其相对应的身体部位记忆下来。

记忆小妙招

我们在开始的时候，可以先编 10 个左右的号码。在脑子里浮现出房间物品的形象，进行编号。在反复练习过程中，对编码就能清楚地记忆了。大约需要 6 分钟。

文字记忆比赛

请在 20 秒内专心注视并记住由 I 到 IX 的 9 个字。

I 柱　　II 摘　　III 暮

IV 桧　　V 已　　VI 职

VII 棣　　VIII 戍　　IX 辨

请回忆所记过的字。现在，请将它们从下面 I 至 V 的字群中挑出来。

I. 募墓幕暮慕

II. 识职织帜

III. 辩掰辨辫

IV. 滴镝摘嫡

V. 已己巳

记忆小妙招

暮、职、辨、摘、已。

第十一章　推理制胜之道

书中秘密

罗丹图书馆管理员嘉莉小姐是一个很细心的姑娘。这天，有个老妇人来归还一本叫作《曼组拉获得什么?》的书，嘉莉小姐翻了翻，发现缺第 41 页、42 页。

那妇人解释说："我借的时候就是缺的，但事先不知道。"

嘉莉小姐面带笑容地说："可这书是在您还给我的时候发现缺的呀，按规定应该由您负责赔偿。"

老妇人按规定付了款。嘉莉小姐目送老妇人走了之后，又拿起那本书，随便地翻动着。忽然，她发现在第 43 页上有几处划痕，好像是用雕刻刀划出来的。她开始仔细阅读那页书，并用铅笔在划痕上描画，线条终于清晰地显现出来。等到画完，她发现这些划痕并不都是在文字的周围，有的一部分划在字的四周，另一部分划在空白的地方，有的则完全划在空白的地方。她忽然明白了：她是在无关紧要的页上白费劲，真正的秘密隐藏在那张缺页上，43 页上的所有刻痕，不过是从前一页上透过来的印痕。

她去一家书店买了一本《曼纽拉获得什么?》，小心地把第 41、

43 页对齐后，在两张书页之间夹进复写纸，然后用铅笔小心地在第43 页已有的线条上重描一次。描完后，抽出第41 页，兴奋地注视着那些四周划上线条的文字：

"医治候带很坏宝贝去元的她健康你五十音复万。"

她不免有些失望，这是一堆互不连贯的文字。这难道是某个人出于无聊而随便划上去的记号吗？

她又仔细地研究起书的第41 页。终于发现这些划痕正好把每个字的四周框住，这当中是谁用小刀把41 页上的字剜了下来。她猛然醒悟：既然这些字是一个一个地剜下来的，当然可以随意排列。如果改变一下这些字的顺序，其结果又怎样呢？

她变换了几次顺序，最后组成了一句她认为最有意义的话。她读了两遍，觉得这里面可能牵扯到一起绑架案，就报警了。

根据这个线索，警察成功地破获了一起绑架案。原来，那绑匪怕败露笔迹，就从书上剪下一个一个的字，然后拼成一句话，寄给被他劫持的"宝贝"亲属，让他们出钱来赎人。

你知道嘉莉小姐拼出一句什么话吗？

参考答案

她拼出的是："你的宝贝，健康很坏，带五十（或十五）万元去医治，候复音。"她注意到"宝贝"和"五十万元"，想到可能和绑架案有关。

救护车的破绽

下班时间到了，侦探雷姆往家走，漫步在詹金森大街的人行道上。

突然，一个女人的喊声从背后传来："轿车撞人啦！快截住那辆车！"雷姆快步走向出事点，只见一个男子躺在路上，头部在流血。那个呼叫的女人正站在路当中，怒气冲冲地跟一辆救护车司机吵嘴，她要求那辆救护车马上把她受伤的丈夫送到医院。那辆救护车是在飞驰中被女人拦下的。

司机说："别挡道，我们要去接一个急病患者！"

那女人说："不行！快把他送进医院，你们没看到吗，他被车撞了，伤势不轻！"司机仍不肯，围观的人对司机的态度愤愤不平，帮那女人说话。司机无可奈何，向车上两个穿白大褂的大夫点了点头。两个穿白褂的大夫下了车打开救护车门，取出担架，打算将被撞的那个男人放上去。正在这时，两辆警车开来，在救护车的后面停下来。

"喂，快把救护车开到边上去！"警长从车里出来说道。

"警长先生，不是我们要拦路，我们本来在行驶，是这位太太拦住了我们……"司机诉说了一通。

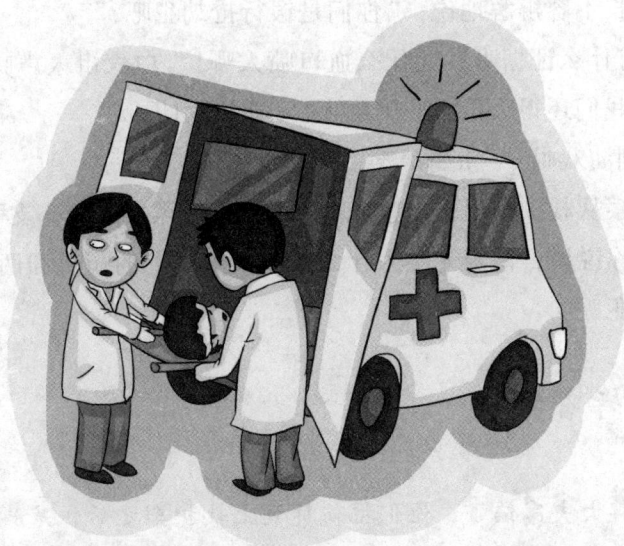

"少啰唆！我们还得去追坏人！"警长认为，开车撞人的司机是坏人，要不，为什么惊慌失措地把人撞伤？这该死的救护车拦在路上，真不是时候啊。他正要发脾气呢，忽然发现侦探雷姆挤在人群里正艰难地向他走过来。

"您好，雷姆先生！"警长恭敬地走上前，伸手过去。

雷姆和他握手："您好，警长先生！出什么事了，劳您在下班时间还在大街上奔波？"

"是这样的：10分钟前，大世界银行被抢了。出纳员吓坏了，我们问她，她居然说不出罪犯到底有几个，只记得他们脸戴面具，身穿黑色的披风。我想，抢劫犯也许坐在那辆撞人的车上。您看到了吗？"

侦探摇摇头说："没有看到。"

这时，那两个白大褂用皮带把伤员固定好，轻轻地把担架推进救护车。就在他们准备关门时，雷姆看见了伤员的头，伤口还在往外渗血，因为伤员是头朝外脚朝里躺着。雷姆急忙和警长嘀咕了几句，警长立即命令警察把那辆救护车扣押下来，并且逮捕了司机和两个白大褂。警长不容辩解地说："你们是银行抢劫犯吧？"

"有什么证据呀？凭什么血口喷人哪！"白大褂大声喊道。"警长先生，我们还得去抢救心脏病人！"司机大叫。

"别演戏啦！"雷姆冷笑一声。

警察从救护车里搜出整扎的钞票，2件黑披风和3支手枪。

请你说说，雷姆先生为什么知道救护车上的司机和两个白大褂就是抢劫犯呢？

参考答案

冒牌大夫露馅了，他们把伤员放上救护车之后，是脚朝里头朝外放进去，这就犯了常识性错误，抬伤员应该是头朝里，脚朝外。

飞天盗贼

深夜，日本电视节目主持人吉川步美拖着疲惫的身体回到寓所。她脱掉衣服，拿下戒指、手镯、项链和耳坠等首饰，便进入了浴室。可当她洗好澡回到卧室时，发现放在梳妆台上的钻石戒指不翼而飞。她连忙打电话向警察厅报案。

值班侦探是毛利小五郎先生，他放下电话便驱车来到吉川步美的寓所。他仔细地查看了房间的每一个角落，寻找脚印和指纹之类的罪证。然而什么也没发现。

"小姐，您是只丢了一只戒指吗？"毛利小五郎走到梳妆台前，一边看着上面的项链和耳坠，一边问吉川步美。

"是的，只丢了一个戒指。项链和耳坠，还有手镯都还在。不过，这只戒指很名贵，不仅戒圈是24K纯金的，而且戒面上的钻石是一块很大的天然宝石，价值一万多美元，是位先生向我求爱时送给我的。"步美答道。

忽然，毛利拿起梳妆台上的一根火柴问吉川步美："这火柴是你放在上面的吗？"

"不，不是的。我没有把火柴放在梳妆台上，我抽烟都用打火机的。只有厨房里才会有火柴。"

"噢，是这样啊……"他仔细地看着火柴，然后放回梳妆台上。他又走到窗户前，对走过来站在他身边的步美说："小姐，你洗澡的时候，卧室里的窗户也开着吗？"

"是的。你是说贼是从窗里爬进来的吗？不可能，这是九层，窗框上还有铁栏杆，门也是锁好的，贼怎么可能进来呢？"

毛利又问："这楼里有养鸟的吗？"

步美感到毛利问得奇怪，但还是告诉他："四楼山本家有一只鹦鹉，三楼黑田家有一只猫头鹰，六楼川远家有几只信鸽……"

步美还没说完，毛利就打断了她："罪犯找到了。到三楼黑田家去讨回你的戒指吧！"

他们到了三楼，毛利敲了敲黑田家的房门。黑田打开门，打量着步美和她身边这个陌生的男人。毛利侦探掏出了证件对他说："我是警察厅的侦探，叫毛利小五郎，到你家里看看。"说着，他们走进黑田的居室，看到写字台上一只钻石戒指闪闪发光，旁边蹲着一只目光炯炯的猫头鹰。毛利拿起戒指问吉川步美："小姐，是这枚戒指吗？"

步美回答道："正是我的戒指。"

黑田顿时脸色发白，他没想到毛利小五郎会这么快找来，又分析得完全符合事实，只得将双手伸进毛利小五郎掏出的闪亮的手铐里……

毛利小五郎是怎么推理的呢？

参考答案

"猫头鹰适合于夜间行动，我知道主人怕猫头鹰在行动中发出叫声，就训练它咬火柴飞行……"毛利分析道。

萝卜

新任知县刘德龙，刚接过官印就下乡察访民情。

一天晚上，他来到城外田野里，突然从一条田埂下跳出一个大汉，将刘知县擒住。

刘知县厉声喝道："大胆毛贼，居然偷抢到本县身上。"

大汉将刘知县紧紧抓住:"贼喊捉贼,分明是你黑夜来此偷窃,不意被我守候在此,当场捉住,你还有何话可说!"

远远跟着刘知县的县衙公差闻讯赶了过来,叫住大汉。那大汉见是自己误将知县当贼擒拿,慌忙磕头谢罪。原来他在附近田里种了两亩萝卜,正要收下上街售卖时,发觉萝卜已被人偷走大半,他气怒交加,就守在田埂下,想捉贼人,不料竟捉住了本县县官。

大汉伤心地说:"我萝卜被偷断了生计,又冒犯了大人,甘愿进监服役,尚能勉强温饱。"

刘知县说:"你放心,本县一定想办法抓住贼人,追回萝卜。"

他回转县衙,派人去告诉本城最大的酱园老板,托他收购数万斤萝卜。

酱园老板不敢怠慢,四处张贴收萝卜的告示。四面八方闻风而动,肩挑车载的萝卜源源不断地涌向酱园。

一天,来了两个送萝卜的人,正在过秤付款的两个伙计与这两个送萝卜的人说了几句话,就将他俩带到了知县面前,经过审问,证实这两个人就是偷萝卜的贼。

刘知县是怎么破案的呢?

参考答案

刘知县先让酱园老板散布收萝卜的消息,然后让衙役化装成酱园伙计,在收购时一边付款过秤一边与每个卖萝卜的人谈话,询问他们的萝卜种在什么地方,当问到这两人时,因为是偷来的,所以这两人说不清来历,露出马脚。

谁的羊皮垫子

初夏的一天，没风，也没云。高悬在天空中的太阳，火辣辣的，有些烤人。

大道上，有两个挑担的人并肩走着。扁担在他们肩上很有节奏地颤动，发出和谐悦耳的声响。他俩一个是盐贩子，挑了一担沉甸甸的盐；一个是樵夫，挑了一担柴，赶到集上去卖。他俩本来互不相识，由于一同赶路，便很自然地搭起讪来。边谈边走，不知不觉就赶了很长一段路。

两个人都感觉有些累，见路旁有棵大树，就放下担子，坐在树阴下，喘喘气，歇歇肩。

歇了会儿，又要赶路。可是，两个人却为一块羊皮垫子争执起来。盐贩子说垫子是他的，卖柴人说垫子是他带来的。两人越吵越凶，捋袖子伸拳头地想动手。在地里干活的和几个过路的人都围上来，把那个垫子左看右看，想分出是非曲直，把纠纷合理地劝解开。结果，有的说是盐贩子的，有的则认为是卖柴人的。争来争去，最后不得不进雍州府打官司。

雍州刺史叫刘鑫，他曾断过很多疑案。

在公堂上，盐贩子先讲了事情的经过，最后说："这垫子是我的，我一直用它垫在肩上背盐。"卖柴人也讲了事情的经过，最后说："这垫子是我的，我好心好意让他坐着歇歇，他财迷心窍，不识好歹，竟说是他的。"

听完他俩的申述后，刘鑫说："把羊皮垫留在这里，你俩到公堂外面等候。"

两人出去后，刘鑫问其他官员："这羊皮垫子应该是谁的？"

大家摇摇头，判定不了。

刘鑫说："我有办法，能够断定羊皮垫子是谁的！"于是，他让差役们把羊皮垫子拿了出去，并悄悄地交代了一番。一会儿，差役们把羊皮垫子拿了回来，其中一个差役在刘鑫的耳边嘀咕了一番，刘鑫便命令人把盐贩子与卖柴人押进来，他指着卖柴人说道："你过去，仔细看看地上的席子是什么东西？"卖柴人凑近席子一看，顿时发抖，咕咚跪在地上，承认了羊皮垫子不是他的。

参考答案

刘鑫让差役们在另一个屋里把羊皮垫子摊在席子上，然后用木棒狠狠地敲打羊皮垫子。敲击过的羊皮垫子里抖搂出来一些盐屑，也就证明了羊皮垫子是盐贩子的。

抢劫犯是谁

在海滨的一个城市，半夜时分，风平浪静，万籁俱寂。只有那一排排的街灯，哨兵似的挺立在路旁，默默地洒下柔和光辉。

女工李丽下夜班后骑着自行车回家。和她结伴而行的工友一个个拐进黑暗幽静的胡同，只有她的自行车仍在空荡荡的马路上沙沙地响着。

突然，一个人从黑影里蹿出来，拦住了李丽的去路，就在李丽吓得手足无措的时候，那人一下子掳走了她的手表，转身向一条小巷跑去。这时，李丽才蓦地醒悟过来，大声喊叫："抓坏人！抓坏蛋！"

这时，一个刚刚下班的小伙子正赶到她面前，便毫不犹豫的拔腿向着李丽指示的方向追去。

挑战记忆的巅峰

　　李丽尖厉的喊声，打破了夜的宁静，惊动了警察胡志新和贾亮，他俩正在街上值勤。听到喊声，立即赶到李丽面前，简单地问明情况，也向着那条小巷跑去。

　　胡志新和贾亮赶到小巷深处，只见有两个青年扭打在一起，嘴里互相责骂着，一只手表在墙角处发出微弱的光亮。

　　胡志新和贾亮互相递了个眼神，稍站了一会儿，把打架的两个人制止住，问他俩为什么要打架。没想到，两个人互相指责说："他抢了人家的手表，我跑来把他抓住！"口气都很强硬，不容你有丝毫怀疑。

　　年轻的贾亮厉声进行盘问。他想从他俩的说话、表情、动作上看出破绽。可是，两个人的年龄，穿戴，甚至说话的腔调、满不在乎的神态都很像，所不同的一个是方脸的，稍胖；一个是长脸的，略瘦。分不出哪个是拦路抢劫的坏蛋，哪个是见义勇为的好人。

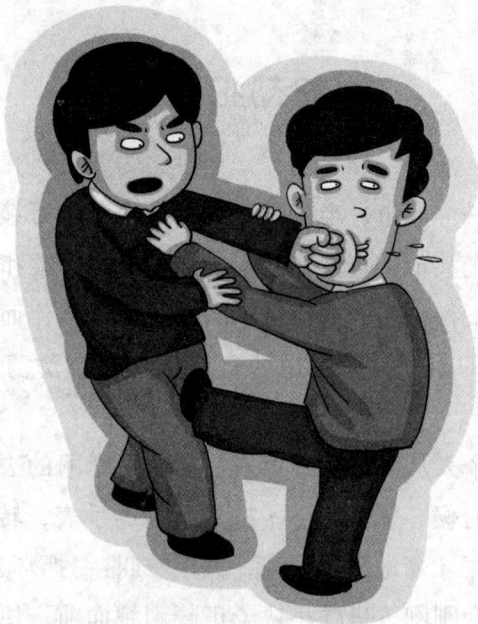

"走！跟我来！"贾亮命令着，胡志新掏出干净的手帕，把手表用手帕裹着捡起来，跟在后面。

4个人一块儿来到李丽面前。贾亮是想叫李丽辨认辨认，分出好坏。可是，当时李丽只是紧张害怕，没有看清抢劫者面孔。

看来，只好把他们带到公安局去审理。

这时，一直没有出声的胡志新，把手表交还给李丽，用一种息事宁人的口气说："表找到就行，没事了，你们都回家吧。"

这样处理，显然出乎在场人的意料。

李丽接过手表，迟迟疑疑地不想立即离开。

贾亮用一种不解与不满的眼光看着胡志新。

"你们就这样处理问题？还来值勤，有个屁用！"那个胖脸的青年突然愤怒地说，用手指着胡志新和贾亮的鼻子。

"你还敢骂人？野蛮！"贾亮以警察特有的口气训斥道，"你叫什么？哪个单位的？"

"不用问我，问问你自己！"青年人并不示弱。

就在这个节骨眼上，胡志新手疾眼快，冷不防把站在一旁一直默不作声的那个瘦脸青年摔倒了，随即把他押到公安局。经过审讯、调查，果然他就是那个拦路抢劫的人。

胡志新的这一手，是年轻的贾亮没想到的。他怀着敬佩的心情问胡志新当时是怎样做出判断的。

参考答案

胡志新说："把表当面还给本人，不再追究，抢劫的人会暗自庆幸，欣然同意；挺身而出抓坏蛋的人，肯定不同意这样做，因为这样敷衍塞责，好坏不分，就等于把他的正义行动给亵渎了。又因为他心中无愧，所以就敢毫不客气地指责我们，顶撞我们。这样，谁是谁

挑战记忆的巅峰

— 139 —

非，真相就大白了。"

谁的房子

有一个叫李二的人刚刚修建了一座房子。一天，突然来了一个过路的陌生人，走得腰酸腿痛，精疲力竭，恳求房主人李二让他借住一宿，歇歇脚。好心的李二看他那可怜样子，很痛快地答应了。并亲自动手把房内收拾了收拾，帮助过路人安顿下来。

过了一宿，那人还要求再住两宿，李二又答应了。

一连住一个多月。那人每天在房前房后转悠，暗暗数清房子有几根椽，地上铺了多少块砖，房顶上盖了多少瓦，甚至连梁用什么木料做的，他也记在心里。

那人仍不声不响地住着，看不出要走的样子。等李二急着用房，催他离开，他反咬一口，说："这房子本来是我的，你怎么叫我离开呢？"

李二气愤难忍，说："我好心待你，你却恩将仇报！你这个无赖，你绝不会得到好报！"

尽管李二肺都气炸了，可那个人还坚持说房子是他的。

两个人争执不下，来到了县衙。

在公堂上，李二说："我修建的房子，他借住一个月，就说是他的了。"

那人却说："不对，我敢对天发誓，是我新建的房子，他想赖去。要是这房子是他的，那么，让他说说，房子有几根椽？地上铺了多少块砖？房顶上盖了多少片瓦片？"

李二一时答不上来了。

王知县问那个人："你能说得上来吗？"

"因为这房子是我亲手盖的，我会说得一清二楚。"那个人把平日记下的数字熟练而又准确地说了出来。

听着那人像背书那样熟练地背下来，有多年断案经验的王知县不禁产生怀疑。他想："只有想到要用这些数字的人，才会背这么熟。真正的房主人只想到住上新房，不会想到要用这些数字去打官司，所以也就说不清。不过，怎样把那人的假象揭露出来呢？"

很快，王知县就想出了办法。他问了那个人几个问题，顿时就让那个人露了馅。

王知县问了那个人什么问题，就让那个人露了馅呢？

参考答案

王知县问道："你能把房子说得如此详细，看来你是一个很有心机的人。不过，我想问你房子的地基是用什么石头砌的？是青石还是红石？"露在地上的东西，那人记得清；可埋在地下的，他可就不知道了。于是，他故作镇静地答道："是青石砌的地基。"王知县又问："房柱子底下有什么？"那人答道："没有什么。"王知县转身问李二。李二说道："我的房子的地基是红石砌的。房子的东南角低洼潮湿，修建时，我在那边的柱子底下垫了 3 块方石。"王知县叫人一验，果然如李二所说，骗子也就露了馅。

聪明的赵局长

1950 年，哈尔滨警方在一次查户口时，发现了一个很像日本战犯的嫌疑人。经过审讯，此人说他是牡丹江附近程家庄的农民叫程司理。由于这个村庄的其他人都被日本人杀死了，所以没办法辨别真伪。

为了查明真相，市公安局的赵局长亲自将他安排到牡丹江附近的农民家中参加劳动。程司理同农民很谈得来，而且知道很多这一带的事情，农活也干得很在行。

一天，赵局长将他带到一间密室，经过一番审讯后，对身边的侦查科长用日语说：明天，将他带到刑场枪决。"局长本来想观察程司理有什么反应，但他无动于衷。赵局长在心里犯起了琢磨，难道程司理真的不懂日语，不是犯下滔天罪行的日本战犯？

又过了几天，赵局长决定使出撒手锏。程司理再次走进了赵局长的办公室，脸上显得特别安静，赵局长正聚精会神地批阅文件。看见程司理走了进来，赵局长抬起头，用日语对程司理说了一句话。程司理听后舒了一口气，露着微笑转身准备离开。门口的两位警察堵住了他的去路，程司理知道刚才一时失态露出了破绽，只好老实地招供了。你知道赵局长说了一句什么话？

🎈参考答案

赵局长用日语说："你可以走了。"由于程司理连日十分紧张，急于离开公安局。听到赵局长的话转身就走。原来他懂日语，狐狸的尾巴终于露出来了。

小宋和小赵的擒贼技巧

某市公安局里有两个刚上任不久的巡警，一个叫小宋，一个叫小赵。他们两人在同一个小组工作，经常一起上班，一起巡逻，一起回家。

小宋和小赵虽然工作不久，但他们非常热爱工作，并且经常热心地帮助他们辖区内的居民，深受当地居民的喜爱。他俩在一起时，经常讨论的便是如何捉贼，如何擒拿罪犯。而且，他俩都非常擅长跑步，是局里有名的飞毛腿。

一天，他俩正在街上巡逻，突然听到不远处有人在大声呼喊："小偷！抓小偷！"他俩循声望去，只见两个犯罪嫌疑人正飞快地向远方跑去。没多想，二人撒开腿，一会儿，他们便跑到了离犯罪嫌疑人只有几步远的地方。眼看着犯罪嫌疑人就在伸手可及的地方，小宋和小赵采取了不同的擒贼技巧：小宋拽住犯罪嫌疑人的衣领向后拉，小赵却猛然把犯罪嫌疑人向前一推。

两位巡警的擒贼方法哪种更有智慧？

参考答案

小赵的方法比较好。他从背后把犯罪嫌疑人一推，自己奔跑的速度会减慢，可以马上从跑的姿势改变为抓的姿势。然而前面跑的犯罪嫌疑人，由于后面加上一个推力，会因为重心不稳而摔倒，那样就更利于抓捕。而小宋是把犯罪嫌疑人的衣领往后拉，犯罪嫌疑人的速度虽然降低了，重心反倒比较稳定，他完全可能掏出匕首刺小宋。

破解天书

民国初年，云南大理县近郊的乡绅李一平在一天深夜突然死亡，家属和乡邻都说他是被"鬼火"吓死的。

县警署侦探蔡志军接到报案后承办了这个案件。他来到李家，只见李一平已死亡多时，除了脸上呈现恐惧的模样外，并无其他可疑之处。他开始询问李妻。

正在一旁哀哀哭泣的李妻对侦探说："近来，家中经常出现点点火光，丈夫神经衰弱，心脏有病，见了这火光非常害怕，说是有鬼来勾魂。为此，家中曾买了一些贡品，祭了送鬼，但仍不平静。今天早晨，我丈夫从梦中惊醒大呼：'有鬼！'便起来逃往前厅，只见梁上悬着点点绿火，便大叫一声，气绝身亡。"

"这鬼火，别人是否也看见过？"蔡志军继续问。

李妻说："我也曾多次看见。这是座百年老屋，几辈老人都在这里故世，光线暗淡。我多次劝说我丈夫离开此宅，可我丈夫故土难离，就不肯走！"

李妻的话得到几个仆人的证实，这时使女梅香进屋送茶，也插言说："那鬼火我也见过的，只觉得好玩，并不可怕。"

李妻马上呵斥道："小孩子家懂什么？"

当时，科学不发达，迷信盛行，乡民们信神怕鬼，习以为常。蔡志军不信，便心存疑问，他吩咐道："你们料理后事，我一定设法将鬼拿住！"

就在蔡志军要回归警署时，忽然看见梅香正将一纸篓废纸倒进院子里的焚火炉中，他就随手翻拣了一下，竟发现一封奇怪的信，上面写着：

"禾五三牛四又二十一见四五彳八四，壹三一日首人六又三十八夂七九止二二虫十五又二十四牛四又二十一。"

他难解其意，便将信揣入衣袋，回到警署。署长问他："侦探案情，可有眉目？"

蔡志军出示信件："虽尚未有头绪，但是只要破译这封'天书'，就一定能找到答案。"

署长一看信件的收信人是李妻，也若有所悟地说："莫非李妻有了外遇，设计害死丈夫？"

蔡志军将自己关在办公室里。反复琢磨这封信件。他发现"禾、牛、见、彳"这些都是汉字的部首偏旁，剩下的都是些数字。他想了想，终于发现了"天书"的奥妙。很快李妻就自投罗网。在蔡志军逼问下，她终于招供了勾结中学化学老师吴欣谋害李一平的事实。

蔡志军是怎样破译了天书的秘密的呢？

参考答案

蔡志军发现"天书"里所写的部首后面第一个数字是笔画的画数。第二数字是某画里的第某个字，怕数字混淆才在两个数字中间加上一个又字，于是他根据《康熙字典》组合成了信件的内容："秘物

— 145 —

觅得，不日来杀此蠢货。"接着，蔡志军又对李妻进行了调查，发现她与一所中学的化学老师吴欣关系密切，就猜到了九分。为了进一步证实李妻与吴欣是否就是凶手，蔡志军模仿"天书"的写法依样照葫芦画瓢也给李妻写了封天书："事急：翌日午时来顺酒家一见。"李妻接到信后，果然来到了来顺酒家，这样就暴露了真情。

会响的良师益友

焦璐阳是个好学上进的青年。近一时期，为了准备考托福出国深造，每晚都要到外语学院进修英文。这天，他照例匆匆吃罢晚饭背上书包去赶公共汽车。

可能是周末的缘故，站台上候车的人很多，而汽车又偏偏不来。焦璐阳不停地向来车方向眺望，一只手还经常去摸他的书包。书包里除了必要的资料和文具外，还有他未婚妻小李送给他的一份珍贵礼物。他把这份礼物称之为自己的"良师益友"，所以生怕它丢了。

汽车终于来了，站台上显示出一派紧张忙乱的景象。乘客们挤着上车。焦璐阳虽然年轻敏捷，但他没有加入拥挤的队伍，而是帮助维持秩序。他拦住人群先让前面的老夫妻平安地登上汽车，再转身抱过年轻妈妈手中的婴儿，将母子护送上去，等自己挤上汽车时，门正好关上了。

他每天都乘这路汽车，和售票员小姐很熟悉。售票员微笑着向他道谢，他也笑着点头，就向靠窗的地方移动。当他找到一个立足之处的时候，全身已汗涔涔了。

这时他下意识地去摸他的书包，发觉他的"良师益友"已经不在包内，他顿时觉察到可能在挤上车时被人窃走了。他焦急万分，但仍镇静地想着如何来找到窃贼。

汽车开动了，售票员也看了一下手腕上的表，她正为汽车晚点而焦急。焦璐阳突然灵机一动，对售票员小姐说："这班车晚点将近 15 分钟，可能造成线路混乱。"

售票员显得更焦急的样子，回答说："不是晚 15 分钟，而是误了近 20 分钟时间。"

焦璐阳安慰说："可能你的手表快了。我每天去进修，总带着一只小闹钟放在包里，定在 6 点钟响铃，以提醒我不要误了时间，不信它很快就要响了。"

就在焦璐阳与售票员小姐对完话之后，焦璐阳马上就指着一个乘客说道："是你偷了我的心爱之物！"

在一个又一个事实面前，小偷终于承认了是他偷了焦璐阳的心爱之物！

焦璐阳是如何在很短的时间里抓到了小偷的呢？

挑战记忆的巅峰

参考答案

　　焦璐阳与售票员小姐的对话声音很大，车上所有的乘客全都听到了。这时有一位乘客慌张地将手伸进了自己的提包里去摸索着，焦璐阳看在眼里，上前一把抓住了他的手："是你偷了我的心爱之物！"那人支支吾吾地不承认。焦璐阳便说道："我刚才说，闹钟很快就要响了，别人都不以为然，只有你慌张地将手伸进包里，你这样做，是想将偷得的闹钟的响铃按住。"说着焦璐阳从那人提包里拿出了一件东西，却不是闹钟，而是一台小巧的收录机。那人见状马上又强辩道："你丢失的是闹钟，与我有何相干？"焦璐阳说："我丢失的就是这台'良师益友'。如果我不说是闹钟你能暴露吗？"